图解入门——半导体制造工艺基础精讲（原书第4版）

[日] 佐藤淳一　著
王忆文　王姝娅　译

机 械 工 业 出 版 社

本书以图解的方式深入浅出地讲述了半导体制造工艺的各个技术环节。全书共分为12章，包括半导体制造工艺全貌、前段制程概述、清洗和干燥湿法工艺、离子注入和热处理工艺、光刻工艺、刻蚀工艺、成膜工艺、平坦化（CMP）工艺、CMOS工艺流程、后段制程工艺概述、后段制程的趋势、半导体工艺的最新动向。

本书适合与半导体业务相关的人士、准备涉足半导体领域的人士、对半导体制造工艺感兴趣的职场人士和学生等阅读参考。

此版本仅限在中国大陆地区（不包括香港、澳门特别行政区及台湾地区）销售。

图书在版编目(CIP)数据

图解入门:半导体制造工艺基础精讲:原书第4版/(日)佐藤淳一著；王忆文，王姝娅译. —北京:机械工业出版社，2022.1(2025.2重印)
ISBN 978-7-111-70234-4

Ⅰ.①图… Ⅱ.①佐… ②王… ③王… Ⅲ.①半导体工艺-图解 Ⅳ.①TN305-64

中国版本图书馆CIP数据核字(2022)第031789号

机械工业出版社（北京市百万庄大街22号 邮政编码100037）
策划编辑：杨 源 责任编辑：杨 源
责任校对：张艳霞 责任印制：郜 敏

三河市宏达印刷有限公司印刷

2025年2月第1版·第11次印刷
184mm×240mm·13印张·288千字
标准书号：ISBN 978-7-111-70234-4
定价：99.00元

电话服务
客服电话：010-88361066
010-88379833
010-68326294

网络服务
机 工 官 网：www.cmpbook.com
机 工 官 博：weibo.com/cmp1952
金 书 网：www.golden-book.com
机工教育服务网：www.cmpedu.com

原书前言

PREFACE

本书是2010年出版的《图解入门——半导体制造工艺基础精讲》的第3次修订版。感谢初版以来的各位读者。

本次修订中大的修改是增加了第9章“CMOS工艺流程”，其目的是让读者具体了解如何使用各个工艺。此外，还增加了相应的文字和图表。在简明易懂的同时，结合行业最新发展修改了部分内容。希望和以前相比能给大家带来更多帮助。

但是，书中难免会有错误及理解不当之处，敬请赐教。

本书的结构和内容基本上延续了初版的思路。很多人每天都在思考半导体是如何生产的，能否进入其中某个领域。我想这其中有很多人想要一本通俗易懂的入门书籍。本书主要就是为这些人撰写的，包含与半导体业务相关的人士、准备涉足半导体领域的人士、对半导体制造工艺感兴趣的职场人士和学生等。

笔者有幸举办过多场半导体工艺入门知识的演讲，针对当时的诸多提问，用回答的形式撰写本书，内容涵盖了硅、晶圆、晶圆厂、前段制程、后段制程等，使读者能够俯瞰整个半导体工艺。其中有一部分是专业性的描述，但大部分都是为了便于非专业人士理解而写的。此外，即使是半导体行业人士，如果想了解自己专业以外的知识，我想本书对他们也会有所帮助。

不过，很多人可能没有亲临过实际的制造现场，所以笔者在撰写中对以下几点多有留意。

- 避免烦琐的图表，选择简单易懂的图片和表格。
- 以接近现场的视角和自己的体验为基础进行叙述。
- 通过阐述历史的来龙去脉，更容易理解发展趋势。

如果笔者的想法能被广大读者所理解，并为您提供些许帮助，本人将荣幸之至。

关于本书的内容，承蒙很多人的教诲和指导，同时参考了很多前辈的著作，无法一一提及，在此对所有人深表感谢。

此外，秀和系统的诸位编辑给了我很多建议和指导，在此深表谢意。

佐藤淳一

CONTENTS 目录

第 3 章 CHAPTER.3

CHAPTER 1

第 1 章

半导体制造工艺全貌

本章从俯瞰的视角全面介绍硅半导体的制造工艺。首先介绍半导体工艺的特点，并按照从上游到下游的流程逐一展开介绍。包括前段制程中前端（front-end）与后端（back-end）的差异、主要材料硅的特性、硅晶圆的制造方法，以及后段制程的内容等。

1-1 半导体工艺简介

为了展示半导体工艺的概貌，这里将从各种视角探究其特点，希望这样能够帮助您理解以下章节的内容。

各种半导体产品

首先介绍本书所涉及的领域。以汽车为例，从 F-1 赛车到大型拖车，应用目的不同，种类也多种多样。半导体产品同样根据衬底材料和应用的不同，来进行各种分类。其分类如图 1-1-1 所示。

半导体的主要分类（按材料和产品分类）（图 1-1-1）

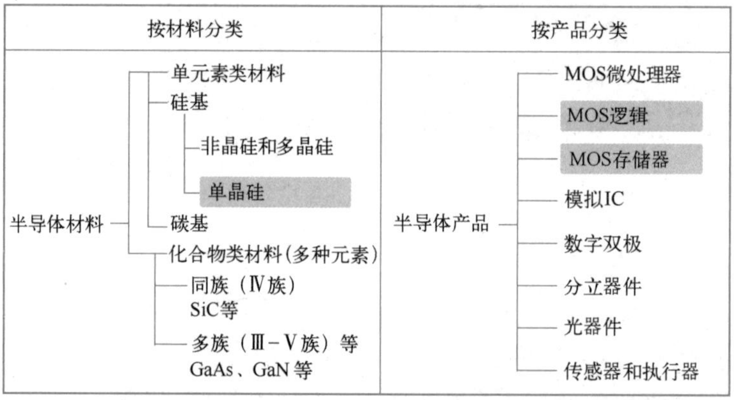

按材料分类	按产品分类
半导体材料 — 单元素类材料 　— 硅基 　　— 非晶硅和多晶硅 　　— 单晶硅 　— 碳基 — 化合物类材料（多种元素） 　— 同族（Ⅳ族）SiC等 　— 多族（Ⅲ－Ⅴ族）等 GaAs、GaN 等	半导体产品 — MOS微处理器 — MOS逻辑 — MOS存储器 — 模拟IC — 数字双极 — 分立器件 — 光器件 — 传感器和执行器

产品按照 WSTS 标准来分类

注）WSTS：World Semiconductor Trade Statistics 的缩写。有关详细信息，请参阅其网站。

材料以单元素类材料和化合物类材料为主。硅半导体当然是单元素类材料，本书涉及非晶硅和单晶硅的半导体工艺。另外，化合物类材料主要用于按产品分类的光器件等。本书将重点介绍按产品分类的先进逻辑和存储器产品所需的半导体工艺。限于篇幅，这里省略了对这些分类的解释。如果大家感兴趣，请参阅其他参考资料。

为什么称为半导体工艺？

在半导体产业中，制造工程被称为工艺（Process），理由是什么？虽然没有明确的答案，但笔者认为，与其说加工尺寸微小（目前是 nm 制程。1 nm = 10^{-9}m），不如说制造过程无法用肉眼看到所致。例如像电视机和汽车这样的组装工程，因为是肉眼可见的，所以不能把制造工程称为工艺。此外，半导体产品还有一个特点，即不是一个一个生产，而是批量生产，之后进行分割。因此，在半导体中，可能比较适合使用具有相对抽象含义的术语“工艺”（Process）。

半导体工艺包含前段制程和后段制程。[⊖]这里的前段制程主要是对硅晶圆进行加工，所以也被称为晶圆工艺（Wafer Process）。主要的 6 个工艺会反复多次进行，笔者称之为“循环型工艺”。化学工业常被称为“工艺产业”，也是因为化学产品要经过热分解、聚合、蒸馏等工艺，故而得名。而且同样也是先大量生产，之后进行分装。与此相对应，后段制程包括封装工序，笔者因此称之为从上游到下游的“Flow 型工艺”。

前段制程可以进一步分类为前端（Front-End）和后端（Back-End）。前者主要是形成晶体管等元件，而后者主要是形成布线。而且加工尺寸非常小，只有几十 nm（纳米），因此，硅晶圆的洁净度要求变得更加严格，而且对生产设备和晶圆厂（fab）的洁净度也有很高的要求，生产设备的价格也会更加昂贵，晶圆厂建设的投资额也会更加庞大。

以上内容归纳在图 1-1-2 中，希望您牢记这张图，并阅读下面的正文。

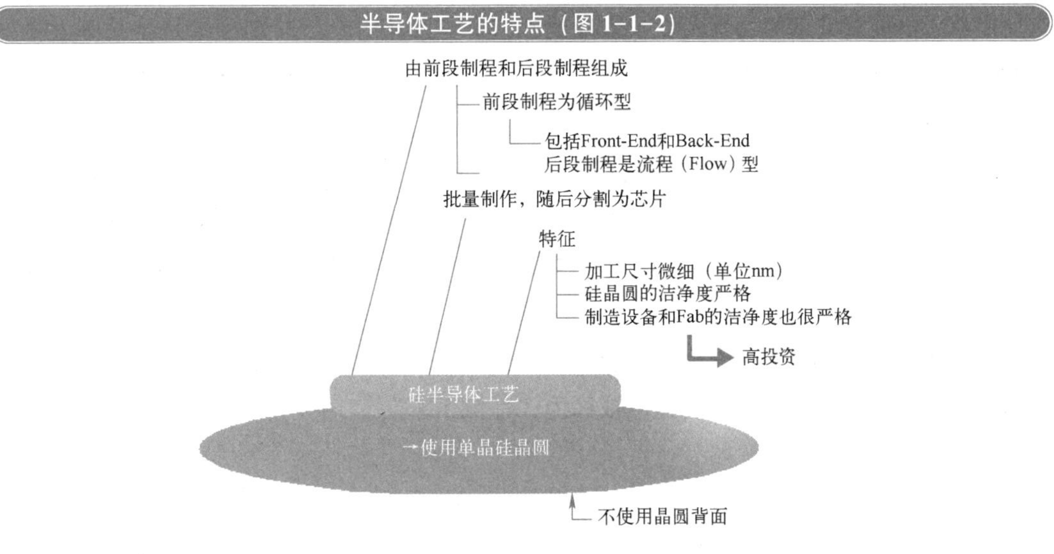

⊖ 前段制程和后段制程：通常也称为前道工序和后道工序。

另外，还要提到的是，本书所涉及的半导体工艺是在硅晶圆的表面（Mirror，镜面）上进行工艺加工，而不是在硅晶圆的背面（Sand Blast，磨砂面）上进行工艺处理。

突然冒出镜面和磨砂面两个词，可能让不熟悉晶圆的读者略感困惑，为此，下面对硅晶圆进行介绍。

硅晶圆是将单晶硅的硅锭用钢丝锯切成圆盘状。本书所涉及的逻辑和存储器 LSI 都是只在晶圆表面上制作的，所以晶圆表面要做镜面抛光处理。如图 1-9-1（a）所示，因为像镜子一样光亮，所以叫作镜面。而另一面仅进行粗糙的研磨，不像镜子那样光亮，故而称为磨砂面。

在制作成芯片时，如图 1-1-2 所示，通过后段制程中的工艺使晶圆变薄。

1-2 前段制程和后段制程的区别

接下来就要进入工艺的话题了。在硅晶圆表面制作 LSI 的工艺称为前段制程，将晶圆上制作的 LSI 芯片切割出来，装入专用封装后出货的工艺称为后段制程。

前段制程和后段制程的最大区别

前段制程，即所谓的“晶圆工艺”，是在硅晶圆上制造 LSI 芯片的工程。主要是微细化加工和晶格恢复处理等物理及化学方面的工艺。与此相对，后段制程则是将晶圆上做好的 LSI 芯片单独切割、封装的组装加工技术。换一种说法，前者执行不可见的管理，但后者在某种程度上是可见的。

另一个主要区别是，前段制程的作业对象（Work）仅仅是硅晶圆的状态，后段制程的作业对象则是多种多样（将在 1-12 中介绍），可以是硅晶圆，也可以是裸芯片（在后段制程中有时称其为 Die），或者是封装好的芯片。正因为如此，对于后段制程，生产设备制造商专攻某一个领域的情况很多。

图 1-2-1 形象地描绘了前段制程和后段制程的区别。由于前段制程的作业对象只有硅晶圆，所以如开头所述，前段制程也被称为“晶圆工艺”。

表面和背面：也有使用双面抛光晶圆的情况。通过傅里叶变换红外光谱分析评估膜质量，称为 FT-IR（Fourier Transform Infrared Spectroscopy），主要用于评估成膜工艺。此外，在功率半导体中，在某些情况下，也在背面制造半导体器件。

前段制程和后段制程的区别（图 1-2-1）

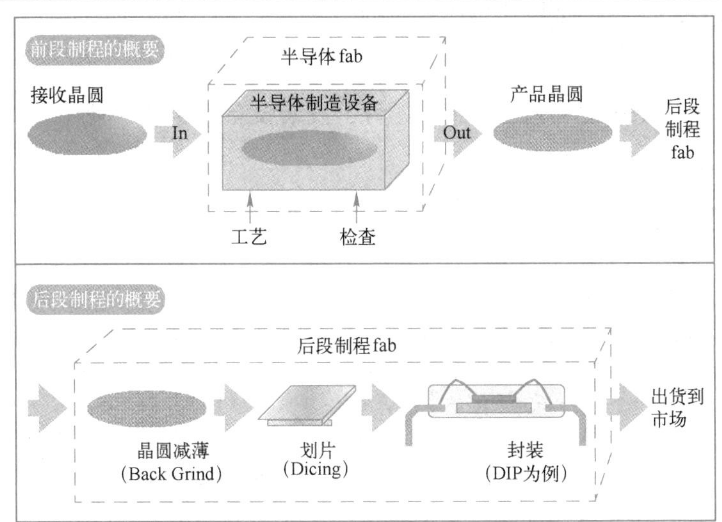

注）前段制程晶圆厂和后段制程晶圆厂大多是分离的。原因是产品晶圆的体积小，搬运负担小，这体现了半导体产业的特点。

晶圆厂的差异

由于工艺上有如此大的差异，现在的主流是前段制程和后段制程的晶圆厂（Fab）分开建厂的。过去半导体晶圆厂的规模较小，有时前段制程和后段制程的晶圆厂都建在同一栋建筑或用地内。但是，在每月生产数万片硅片的今天，这是行不通的。另外，在 1-12 中会介绍，前段制程晶圆厂的选址条件和后段制程晶圆厂的选址条件也不同。特别是后段制程的晶圆厂，也有拓展到海外的情况。

因此，前段制程和后段制程的晶圆厂一般是分别存在的。另外，把晶圆从前段制程晶圆厂运输到后段制程晶圆厂，晶圆的体积、重量都小（后面将会介绍，直径 300 mm 的晶圆是主流。和很久以前的黑胶唱片一样大），运输成本相对较低，另外，半导体产品的晶圆包装都比较小，把晶圆从前段制程 fab 运输到后段制程 fab 的成本相对较低，这可能是前、后段制程晶圆厂各自存在的主要原因。因此，半导体工厂经常不是位于临海工业地带，而是位于高速公路的出入口和机场附近。

顺便说一点题外话，笔者年轻的时候，也在后段制程的生产线上工作过。生产线上有许许多多聪明能干的女员工，一步一步完成引线键合的工作。笔者自己也曾亲手键合过测试产品，全是手工进行，所以在力度的调整和引线的拉伸等方面煞费苦心。当然，这些工作现在已经都是自动化了。

1-3 循环型的前段制程半导体工艺

在硅晶圆上制造LSI的工艺，与组装零件、安装设备的组装产业不同，是多次重复同一工艺的循环型工艺。

什么是循环型工艺？

“循环型”是笔者对应于“流程型”（Flow）而命名的。它不像组装工程那样，一边将零件添加到皮带输送机上面，一边流动着组装产品。与之相反，它是多次重复相同的工序进行产品生产的方式。

前段制程大体分类包括以下工艺：（1）清洗、（2）离子注入和热处理、（3）光刻、（4）刻蚀、（5）成膜、（6）平坦化（CMP[⊖]），并由这六种组合而成。图1-3-1对这些工艺做了图示说明。各种各样的箭头用来表示通过这些工艺时有各式各样的路线选择。

“循环型”的前段制程流程（图1-3-1）

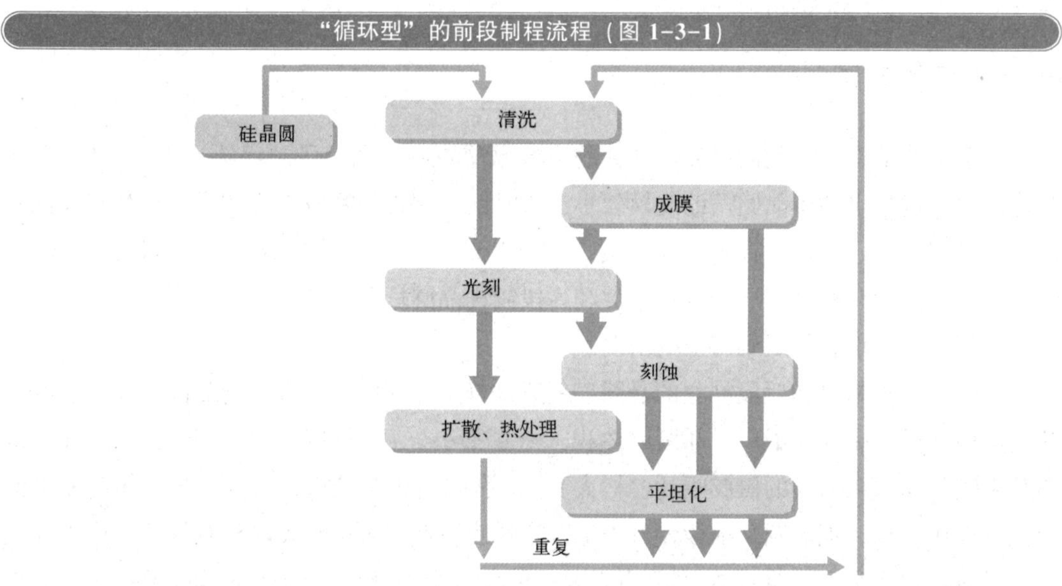

几种基本的组合

如上所述，前段制程基本上由六种工艺组合而成：清洗、离子注入和热处理、光刻、

⊖ CMP：Chemical Mechanical Polishing的缩写。最近有时不用Polishing，而用平坦化含义的Planarization。

刻蚀、成膜和平坦化。但是，有各种各样的组合形式，其含义是对这些组合多次循环并把前段制程集成化。例如在铝的布线工艺中，如图 1-3-2 所示，包括（前）清洗➡铝膜形成➡光刻➡刻蚀➡（后）清洗，在这种情况下，不使用离子注入、热处理和平坦化（颜色已更改）。这样，在某个工程（单工程）中有一些工艺用到了，还有一些没有用到，有多个这样的单工程，把它们集成起来就构成了前段制程。从这个意义上说，它会经历多次相同的工艺，因此本书称其为循环型工艺。在这样的循环型前段制程生产线中，无尘室内制造设备的布局通常采用海湾（Bay）方式，这将在 2-5 中介绍。

铝的布线工艺的示例（图 1-3-2）

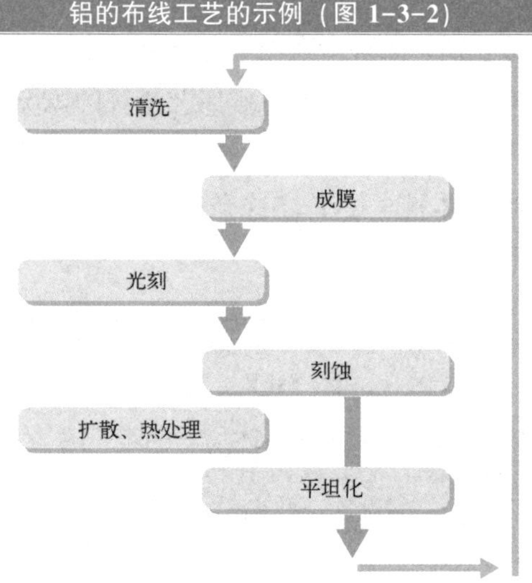

1-4 前端工艺和后端工艺

前段制程分为前端工艺（Front End）和后端工艺（Back End）。前端工艺到晶体管形成为止，后端工艺指的是此后的多层布线工序。

为何要分前端工艺和后端工艺？

这种划分方法很常见，尤其是对于先进 CMOS㊀逻辑 LSI。当然，对于存储器来说也经常这样划分。前端工艺主要是指晶体管的形成，后端工艺是指后续的布线工艺。可以毫不夸张地说，再先进的 CMOS 逻辑 LSI 的布线工艺也都是相同工艺的重复。后面会提到，在

㊀ CMOS：Complementary Metal Oxide Semiconductor 的缩写。

制造先进逻辑 LSI 的时候，大约 70%的工程是后端工艺。

从字面上讲，前段制程的前半部分是前端工艺，后半部分是后端工艺，貌似理所当然。但主要原因还是以逻辑 LSI 为中心的集成电路，其布线层数增加，多层布线工艺的比重也增加。还有以 ASIC[⊖]为中心，根据客户的规格要求，最后形成布线层并完成定制化的 LSI 的交付。作为前端工艺的晶体管相关的制造工艺是在晶圆中进行的；而作为后端工艺的多层布线工艺是在晶圆上形成布线结构的。用建筑物来比喻的话，前端工艺是基础工程，后端工艺是房屋的叠加。从某种意义上来说，前者有各种各样的工艺，的确很复杂，后者虽然看起来很复杂，但本质只是相同工艺的重复。图 1-4-1 以先进逻辑 LSI 为例，展示了前端工艺和后端工艺的区别。另外，在图中可能有些术语是第一次遇到，随着章节的深入会对其进行阐述。在第 9 章中会介绍 CMOS 工艺流程的概况，到时候大家能够有更深入的理解。说句画蛇添足的话，我们见到 end（结尾）这个词的时候，脑海中可能会浮现出“剧终”的印象，但在半导体科学中 End 这个词可能更接近于“边”的意思。如同我们在体育比赛转播中所使用的“换边”的用法。

先进逻辑电路中所对应的 Front-End 和 Back-End（图 1-4-1）

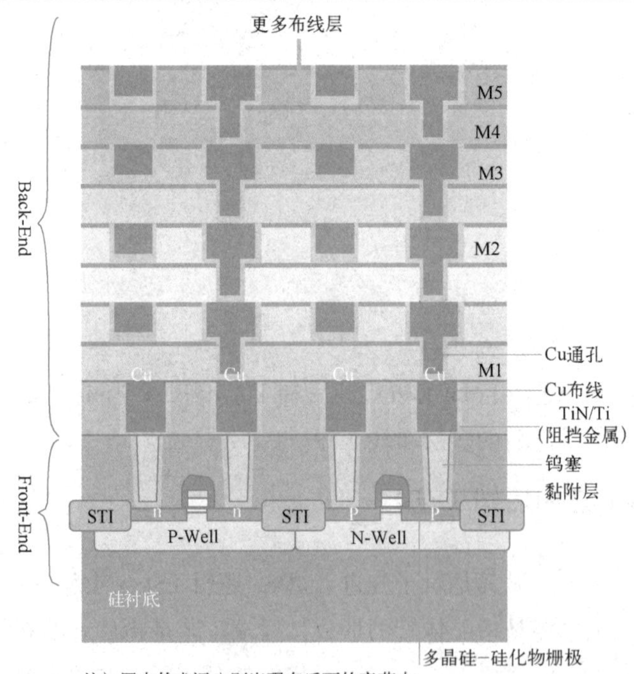

注）图中的术语分别出现在后面的章节中。

⊖ ASIC：Application Specific Integrated Circuit 的缩写，由多个电路组合而成的针对特定应用的 IC。

温度耐受的差异

前端工艺和后端工艺的工艺温度是不同的。在第 4 章会介绍，在前端工艺制造晶体管时，需要形成 n 型和 p 型的扩散层。进行热处理的时候，需要将温度提高到近 1000℃，因此需要使用能够承受相应高温的材料。但是，在后端工艺用于布线的材料，例如 Al 等，只有 500℃左右的耐热性。因此后端工艺温度限制在 400~450℃。这一点在 4-7 中也有提及。所以，进行高温热处理的离子注入和热处理工艺只能用于前端工艺。从 1-2 到 1-4 所叙述的内容，包括前段制程和后段制程的区别，工艺流程的特征，前段制程又分为前端工艺（Front-End）和后端工艺（Back-End）[⊖]。在图 1-4-2 中对各种各样的区别进行了总结。

前段制程和后段制程的比较（图 1-4-2）

分类		温度	洁净度
前段制程	前端工艺（晶体管形成工艺）	相对较高温度的工艺（1000℃）	严格（Class 1）
	后端工艺（多层布线形成工艺）	约500℃以下	
后段制程		很少有加热工艺	不严格

建议记住这个图，相信在接下来的阅读过程中，会对理解本书有所帮助。其中，关于洁净度的内容会在 1-8 和 1-12 等详细介绍。有关温度的内容将在 4-7 和第 7 章以及第 10 章中进行介绍。

以前并没有前端或后端的分类。在笔者的记忆中，这种分类大约开始于 20 世纪末。存储器件基本上是字线和位线的矩阵结构，布线基本是两层结构，但是随着逻辑器件的进步，更多采用如上所述的多层布线。所以，似乎还是把晶体管形成工艺和布线形成工艺分开比较好。

1-5 什么是硅晶圆?

冰激凌上面经常会放一块方形薄饼干，称为威化饼干（Wafer）。在硅半导体中，一片

⊖ 前端工艺曾被称为 FEOL（Front End of Line），后端工艺曾被称为 BEOL（Back End of Line）。现在，像书中这样的称呼已经成为主流。

薄薄的单晶硅称为晶圆[1]（Wafer），在硅半导体中其形状为圆形[2]。

为什么是硅?

圆盘状的硅晶圆和冰激凌威化饼干的对比如图 1-5-1 所示，这个词给我们的印象是“薄而平”。现在半导体的材料一般都是硅，但并不是一开始就使用硅。最初使用与硅同族的元素锗。硅能取而代之，原因很简单，因为硅是地球表面非常丰富的一种元素（有一个指标叫作克拉克值[3]），而且硅的热氧化膜也更稳定。具体将在 7-4 中介绍。另外，关于硅是什么样的元素，将在 1-7 中进行介绍。

晶圆的示意图与冰激凌的威化饼干（图 1-5-1）

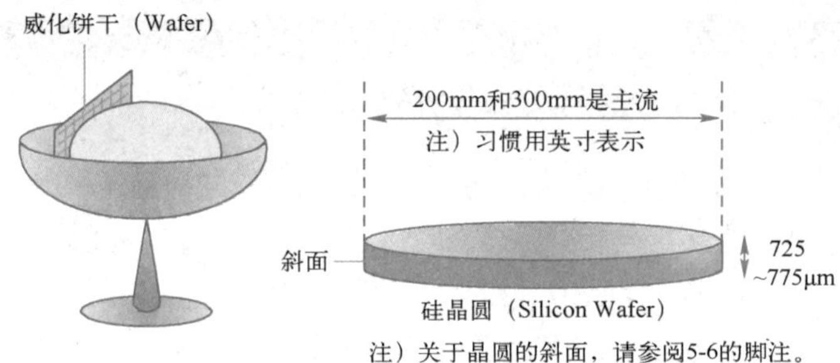

注）关于晶圆的斜面，请参阅5-6的脚注。

半导体的特性是什么?

具有导电特性的物质叫作导体，反之不具有导电特性的物质称为绝缘体。半导体就像字面意思一样，可以说其特性正好介于两者之间。有时导电，有时不导电，这种性质决定了晶体管的性能。如 1-7 所述，一般来说，硅本身是本征半导体，不会有电流流过，因此人为添加杂质使其具有导电的特性。该方法在第 4 章中会叙述，有杂质扩散，也有掺杂（Doping），如图 1-5-2 所示。

换个话题，在半导体用硅晶圆的生产量方面，目前日本的制造商占据了世界市场份额的 6 成左右，可以说在该领域不论技术还是市场都有很强的实力。

顺便提一下，曾经有一段时间，有很多厂商从各行各业进军硅晶圆领域，但现在几乎都撤退了，只有几家公司还活跃着。另外，早期还有半导体厂商自制硅晶圆。

㊀ Wafer：在某些情况下，称为 Slice。与火腿切片等场合的语源相同。如上所述，半导体产业起源于美国，因此有很多英语称呼。这本书以晶圆来表述。

㊁ 圆形：硅半导体中使用的是圆形。结晶系的太阳能电池，有时会使用四边形或四边形的顶角被切掉的形状。

㊂ 克拉克值：是地壳中元素所占的质量百分比，硅的克拉克值仅次于氧。

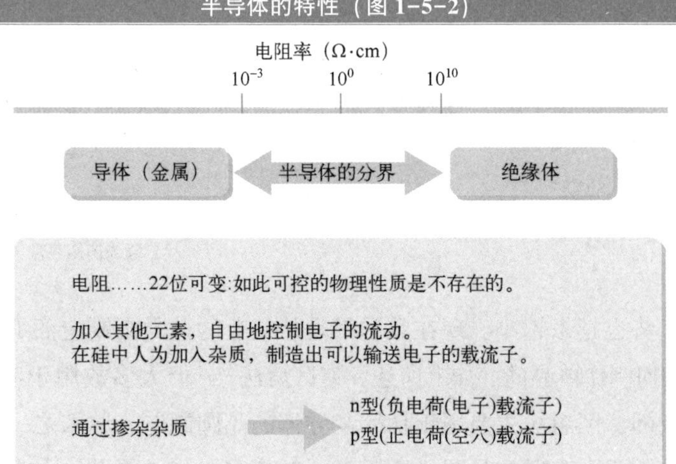

注）n型和p型会在1-7中介绍。

1-6 硅晶圆是如何制造的?

硅晶圆的制备主要有直拉法（Czochralski 法）[⊖]和区熔法。其中，后者主要用于功率半导体，这里对前者进行说明。

作为原料的多晶硅的纯度是 11 个 9

半导体的材料一般是硅，但并不是一开始就用硅。最初使用的是锗这种和硅同族的元素。但是，上一节已经说明，硅的性质更优越，所以最终使用了硅。地球表面的硅含量丰富，但它不是以硅的形式存在，而是以硅的氧化物形式存在，称为石英。我们首先需要将石英还原成多晶硅。这种多晶硅被称为 Eleven-nine（表示纯度为 99.999999999%，排列了 11 个 9，因此得名），表明纯度很高。图 1-6-1 展示了多晶硅的生产流程，关键是使其气化一次来提高其纯度。

缓慢拉起的单晶硅

正如我在上一节中提到的，在硅半导体产业的早期，半导体制造商自己制造单晶硅。原因是为了各自开发适合自己公司半导体器件的晶圆。但是，硅晶圆的直径越来越大，自

⊖ 直拉法：1917 年在波兰开发了这种方法。它不是为硅晶圆考虑的，据说是在分析合金晶体生长机制时提出的。

图 1-6-1

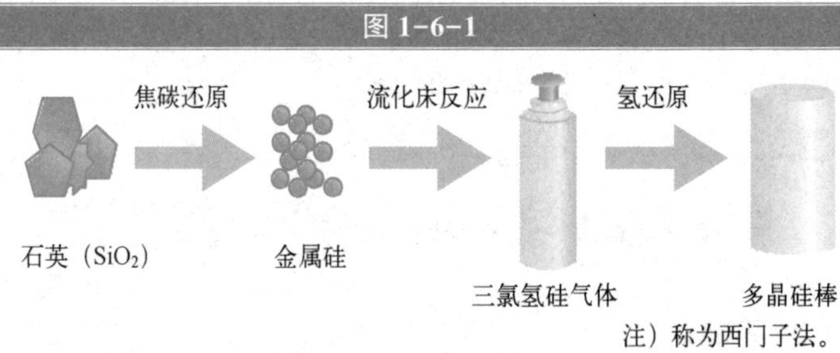

己生产硅晶圆的优势也越来越小，现在几乎都是从专业的硅晶圆制造商那里购买。

接下来介绍如何制作单晶硅。如上所述，有区熔法㊀，但大多数用于 LSI 的晶圆都是通过前一种方法制造的，区熔法主要用于功率半导体的晶圆制造。原因之一是前者（大多数用于 LSI 的晶圆）需要大直径的晶圆，而后者（功率半导体的晶圆）的需求较少。直拉法如图 1-6-2 所示，在石英坩埚中熔融多晶硅，单晶硅按照籽晶相同晶向生成，缓缓提拉籽晶就可以拉出单晶硅。

硅晶圆的制造方法示意图（图 1-6-2）

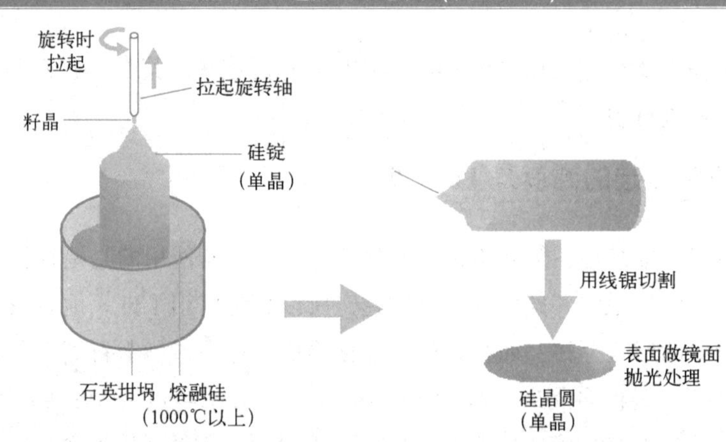

专业的解释是晶体在液相和固相之间的界面处生长。此外，在熔化硅时根据需要添加杂质。使用一种专用的线锯将拉起的硅锭切割成晶圆。之后，表面被镜面抛光。

术语“晶向”是指硅原子在晶体内如何排列，现在大多数 LSI 是（100）晶向。

㊀ 区熔法：这种方法可以使晶体在固相内成长。

1-7 硅的特性是什么?

在 1-5 中稍稍提到过，从元素周期表来看，硅是碳和锗的同族元素，在短元素周期表中是Ⅳ族元素。最外层是四个电子，具有稳定的共价键[㊀]。

硅的同类有哪些?

硅是什么样的元素？图 1-7-1 显示了短周期表。如图所示，硅是Ⅳ族的元素，与碳和锗同族。这些元素有四个最外层电子（最外层轨道的电子），如图 1-7-2 所示，与其他原子形成强共价键。例如单晶由硅原子制成，稳定的半导体单晶如 SiC（碳化硅）或 SiGe（硅锗）由相同的Ⅳ族碳或锗制成。

硅和元素周期表（图 1-7-1）

Ⅰ	Ⅱ	Ⅲ	Ⅳ	Ⅴ	Ⅵ	Ⅶ	Ⅷ
H							He
Li	Be	B	C	N	O	F	Ne
Na	Mg	Al	Si	P	S	Cl	Ar
K	Ca	Ga	Ge	As	Se	Br	Kr
		↑ p 型杂质		↑ n 型杂质			

硅与碳的比较（图 1-7-2）

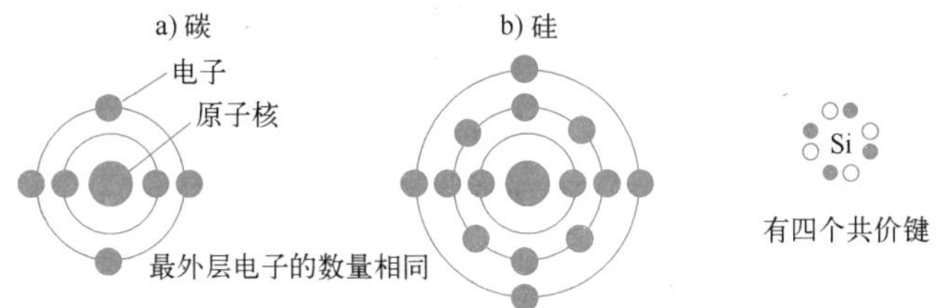

硅本身是本征半导体[㊁]，导电性能很差，要通过杂质的作用使电流更容易流动。如图 1-7-1 所示，n 型杂质元素是比硅多一个最外层电子的Ⅴ族元素，p 型杂质是比硅最外层电子少一个电子的Ⅲ族元素。通过将这些元素添加到硅晶体中，它们分别成为 n 型半导

㊀ 共价键：共有最外层电子所形成的键。

㊁ 本征半导体：没有人为添加杂质的半导体。

体和 p 型半导体。杂质区域的制作方法将在第 4 章进行说明。

硅的特点

与碳和锗相比，硅具有哪些特点？首先，让我们谈谈锗和碳。如上所述，锗最初被用作半导体材料。但锗的带隙[㊀]比硅小，其热氧化膜比硅更不稳定，因此不再使用。近来，为了增大电子的迁移率，也为了在硅晶体中增大应力，制作 SiGe 层的技术受到关注，锗又登上了舞台。

碳具有金刚石、石墨、碳纳米管（Carbon Nanotube）等结构。顺便说一下，最近有关于将碳纳米管用于 LSI 沟道和布线的研究。从长远来看，半导体可能进入Ⅳ族元素时代。

另一方面，硅可以形成单结晶、多晶硅、非晶硅（Amorpha）等状态，实现了各具特色的器件。换句话说，硅的热氧化膜稳定，而且带隙也比锗大，作为器件有稳定性好的优点。这就是硅被大量使用的原因之一。

1-8 硅晶圆所需的洁净度

LSI 是在硅晶圆上制作的，目前 LSI 的最小特征尺寸已经达到20 nm 以下的水平。如何去除影响成品率的晶圆上微小颗粒（Particle）变得非常重要。

硅晶圆和颗粒

硅晶圆上的颗粒是直接导致良品率[㊁]下降的原因，为何如此呢？请设想一下 LSI 的布线，这些布线在先进的 LSI 上是 20 nm 左右。如果在硅晶圆的表面有颗粒存在，在布线形成的时候，会造成图形断线、形状不良。半导体工艺对颗粒非常敏感，因此，工艺是在空气中颗粒极少的洁净室中进行的。洁净室外形如图 1-8-1 所示，也称为无尘室。具体如图所示，使空气循环，通过使用过滤器，极大地减少了空气中的颗粒数量。半导体晶圆厂洁净室和工艺设备中的颗粒始终由专用的颗粒测量设备进行监测。由于空气中的颗粒测量装置和晶圆表面的颗粒测量装置的测量原理不同，需要分别准备。另外，进入洁净室时，应进行风淋，去除洁净服上的颗粒。由于人体也是灰尘的来源，一些半导体厂商有规定，要求卸妆而且换净化服之前先洗澡。

㊀ 带隙：内容有些难懂，它指的是固体物理学中的禁带。该值越大，电特性对热等越稳定。

㊁ 良品率：也称合格率。

洁净室的示意图（图 1-8-1）

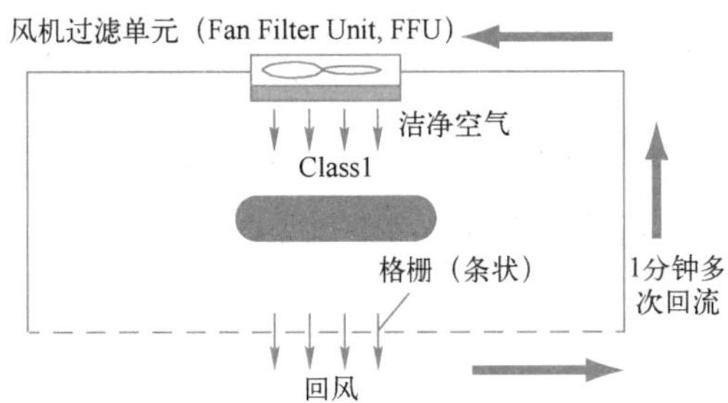

注）Class 1 是表示洁净度㊀的指标，是 1 立方英尺内存在 1 个颗粒（0.5μm 以上）的水平。1 英尺约 30cm

其他污染

半导体器件是利用微小电流工作的，不仅怕颗粒，也害怕各种各样的污染（英语是 Contaminator，有时也称其为“Contami”），特别是碱性离子㊁和金属污染㊂，更加会带来问题。因为半导体器件通过电流的时候，这些离子会产生额外的电流。另外，有机污染等也会对下一个工艺造成很大的影响，因此必须努力减少。其中一个例子如图 1-8-2 所示。

晶圆表面所需的洁净度（图 1-8-2）

- 表面颗粒：0.06~0.05/cm²@0.1μm
- 表面粗糙度：0.08nm
- 金属污染：<2.1×10⁹atoms/cm²
  （Ca、Co、Cr、Cu、Fe、K、Mo、Mn、Na、Ni 被定义为Critical Surface Metal）
- 有机污染：<2.8×10¹³C atoms/cm²
- 可动离子：<4.4×10¹⁰atoms/cm²等

注） ITRS对FOEL 65nm 节点的要求值，假设良品率 = 99% 。参考ITRS文档。

但是，并不是只要控制初始晶圆表面的颗粒和污染就可以了，在使用硅晶圆制作 LSI 的过程中，也会附着各种各样的污染。特别要注意的是工艺设备内附带的颗粒和污染。为此清洗的必要性将在第 3 章进行说明。另外，半导体晶圆厂内部的使用方法的例子在 1-9 中会提到。

㊀ 洁净度：这里按照惯例，参照常规使用的美国标准来表述。还有其他 JIS 和 ISO 标准。
㊁ 碱性离子，如钠和钾离子。
㊂ 金属污染：对硅的影响程度因金属而不同。

1-9 硅晶圆在fab中的使用方法

硅晶圆不仅被用于制造半导体器件，在fab中还有各种各样的用法。另外，在fab⊖流片（芯片制造）的过程中，为了晶圆不被污染也需要下功夫，在此对其进行说明。

硅晶圆的实际应用

首先，请看图1-9-1。这里表示的是前段制程实施之前的晶圆和前段制程实施之后的晶圆。实施前接收的晶圆有时也称为“裸晶圆”，如图1-9-1中a所示。另一方面，由于前段制程会产生半导体器件的图形，所以在现场有时会被称为“带图形的晶圆”或“产品晶圆”。这里，图中使用了前者的称呼，来凸显图形的存在与否。

硅晶圆（图1-9-1）

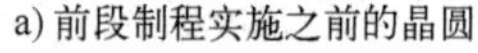
a) 前段制程实施之前的晶圆

b) 前段制程实施之后的晶圆

注）没有图形的晶圆称为裸晶圆。

前段制程半导体fab接受裸晶圆并制造产品晶圆，很多人会认为前段制程半导体fab只有这样的裸晶圆和产品晶圆，但其实不然。

在1-1到1-4的说明中，有一些前段制程半导体工艺的特点未被提及，下面一一介绍。

不只用于产品制造的晶圆的使用方法

投入的材料几乎都会被用于产品中，这是制造领域的一般情况，但半导体领域却未必如此。比如有一条月产1万片的生产线，有人可能会认为流过这条线的片数是1万片（如果连续月产1万片，实际上流过的要超过1万片以上），其实事实并非如此，在某些情况下，使用的晶圆数量会增加几倍。正如1-2所说明的那样，由于前段制程不是肉眼可见的

⊖ fab：晶圆厂或代工厂。

工艺，所以经常要使用监测用的晶圆和测试用的晶圆。图 1-9-2 中展示了包含即将介绍的主要使用方法。

在某些情况下，测试晶圆不会流过完整的工艺，而只是流经有问题的工艺。当然，如图 1-9-2 所示，在某些情况下，在产品流片之前，为了清除可能的问题，也会先用测试晶圆流片。

硅晶圆的各种用法示例（图 1-9-2）

（1）产品用晶圆：正式的晶圆。成为实际的产品。
（2）测试用晶圆：提前流片，用于测试。
（3）监测晶圆：用于工艺检查和颗粒检查。
（4）传送检查晶圆：用于检查工艺设备的晶圆传送。
（5）Dummy晶圆（假片）：在批量式工艺设备中用来把所有晶圆装满，以此保持稳定相同的状态。

如图所示，监测晶圆会定期监控日常工艺的结果，并在出现任何问题时提供工艺条件（最近称为菜单，Recipe）的反馈。当然，如 1-8 中提到的，也使用它对设备定期进行颗粒检查。

当设备在装载/卸载㊀晶圆过程中出现传送问题时，就要使用传送检查晶圆。假片（Dummy 晶圆）总是常备在设备附近，以建立与批量型工艺设备中完全装载晶圆时相同的状态，当然，这些晶圆的洁净度与产品级别相同。但有时也会出现使用电阻值和晶向不符合规格的假片情况，比如用 B 级品和残次品就能解决问题的时候，也未尝不可。

防止生产线中的相互污染

如 1-8 所述，需要防止晶圆被污染。但是生产线中可能的污染源很多。例如受污染的晶圆、受污染的载体㊁、受污染的制造设备。大家常说的“医院内感染”这个词，与此类似吧。

图 1-9-3 介绍了一种常用对策。这个例子是习惯上把带有金属膜的晶圆载具和其他晶圆载具区分放置。根据晶圆厂的不同，还有多种划分方式，进入制程前的晶圆、光刻工艺前的晶圆、经过光刻工艺的晶圆（光刻胶是有机污染的主要原因）、金属沉积前的晶圆、

㊀ 装载/卸载：将晶圆放入工艺设备中称为装载（Load），反之将晶圆从工艺设备中取出称为卸载（Unload）。

㊁ 载体：在生产线中用于晶圆的存放和传送。也称为晶圆载具（Wafer Carrier）。此外，有时也称为晶圆盒（Cassette）。特别是在晶圆直径小的时代，有许多情况下，它被称为晶圆盒。在这本书中，我们称为晶圆载具。

金属沉积后的晶圆（金属污染的要因）等，把这些小心地分开存放。有时候金属也可按铝、钨、铜等进行分类。

晶圆载具的使用方法（图 1-9-3）

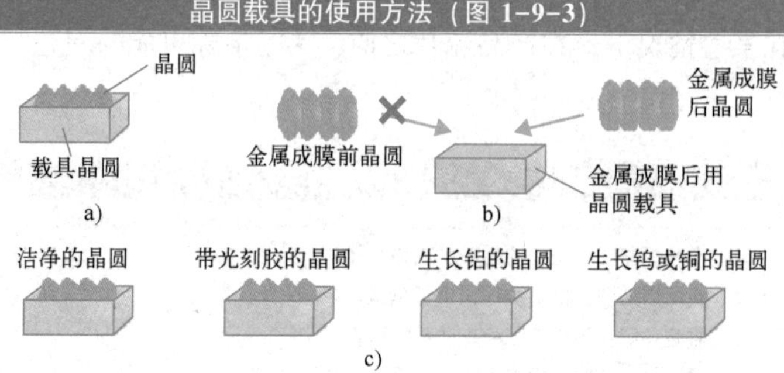

注）晶圆放入晶圆载具的时候，根据晶圆 a）的用途来区分。如上图所示，金属成膜前的晶圆不能放入金属成膜后的晶圆载具 b）中。此外，如 c）所示，根据晶圆的状态来区分。这仅是一个例子，各个晶圆厂和生产线有各种各样的分类。

1-10 晶圆的大直径化

硅晶圆最初是从 1.5 英寸（约 38 mm）开始实用化的。今天，最先进的晶圆厂使用 300 mm 晶圆。下面介绍其背景。

为什么要大直径化？

硅半导体延续着所谓的摩尔定律，随着微细化的不断推进，通过缩小 LSI㊀的芯片尺寸来降低成本。有关摩尔定律，请参考 2-1。芯片尺寸的缩小意味着单片晶圆可产出芯片数量的增加，从单片晶圆中产出更多芯片意味着每个芯片的制造成本可以降低。因此，从 1.5 英寸（约 38 mm）开始㊁，晶圆直径越来越大。图 1-10-1 显示了该趋势，粗略来看，晶圆直径每十年变大一次。

㊀ LSI：Large-Scaled Integrated Circuit 的缩写。翻译为大规模集成电路。晶体管数量超过 1000 个的级别。以前有 VLSI 和 ULSI 的区别，但现在半导体元件数量太多，这种区别已经没有意义了。

㊁ 从 1.5 英寸（约 38 mm）开始晶圆直径的表示方法是，4 英寸（约 101 mm）以内用英寸表示，1 英寸约 25.4 毫米。从相当于 5 英寸（约 127 mm）的尺寸开始以 mm 为单位，分为 125 mm、150 mm、200 mm、300 mm。习惯上将 200 mm 称为 8 英寸，将 300 mm 称为 12 英寸。

硅晶圆直径的变迁（图 1-10-1）

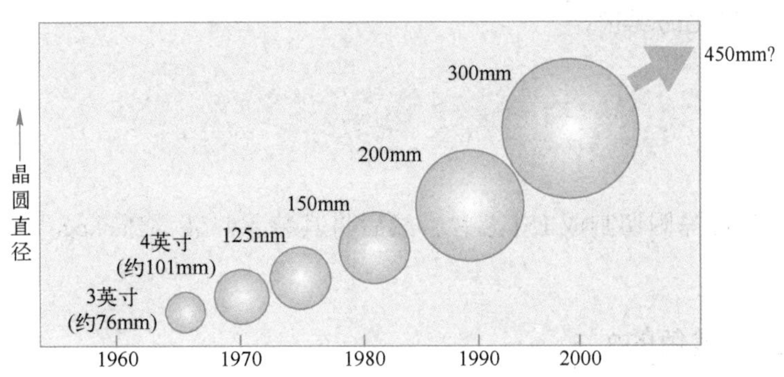

以我的亲身经历来说明，我第一次工作的半导体生产线使用的是 3 英寸（约 76 mm 直径）的晶圆。晶圆的载具是 25 片装的，晶圆的直径比 25 片装的载具的长度小，所以从与晶圆面垂直的方向来看，载具是长方体形状。但是，当换成 125 mm 的晶圆时，晶圆的直径变大，与容纳 25 片晶圆的载具长度差不多，载具变成了立方体形状，我当时看到后大吃一惊，记忆深刻。

200 mm➡300 mm 是 1.5 倍的变化，3 英寸（inch）➡125 mm 大约是 1.7 倍的变化。如今回想起来也是惊人的增长。当时还尽可能改造了半导体制造设备，使之能用于 125 mm 的加工。实际的改造直到能应用到工艺为止，虽然吃了太多的苦，如今蓦然回首，却是满满的难忘回忆。

随着晶圆向大直径化发展，半导体制造商也放弃了晶圆的自产，转而由专业的制造商来生产晶圆。

从 200 mm 至 300 mm

从 200 mm 到 300 mm，半径增大到原来的 1.5 倍，面积增大到原来的 2.25 倍。与整个半导体行业发展步伐同步前进。

能否实现 300 mm 的量产，不仅需要半导体制造商，还需要半导体行业几乎所有公司的共同努力，包括硅晶圆制造商、传送设备和仪器制造商、工艺设备制造商、检测和分析设备制造商等。在 300 mm 的商业化过程中，日本工业组织（J-300 等）和 Selete（半导体尖端技术公司）等公司成为我们活动的核心。为了推进 450 mm 化，首先必须建设这些工艺线，特别是规格的标准化至关重要。在 300 mm 化的时候，SEMI（国际半导体制造设备材料协会）在国际上活跃，J-300 在日本作为主体开展活动。例如我们就曾经决定了晶圆在 FOUP（Front Opened Unified Pod 的缩写）或载具中的间距。12-5 将讨论 300 mm 向下一个尺寸 450 mm 进化的现状。

1-11 与产品化相关的后段制程

后段制程是把硅晶圆切割成 LSI 芯片，然后将其装入封装（Package），再检查出货的工程。

包装为什么是黑色的？

LSI 仅仅从硅晶圆中切割出来是无法成为产品的。LSI 的材料（以硅和布线材料为主）容易被氧化，在原有状态下无法确保其可靠性。另外，LSI 也需要引脚用来与电路板等连接。因此，LSI 芯片要连接到有引脚的板子上，并且为了确保可靠性而放入封装中。半导体产品被放入封装后，在封装上刻上公司名、产品名、批量名等，然后发货。也就是说，半导体产品是通过封装成为商品的。通常，包装都是黑色的，那是因为在环氧树脂中加入了碳粉。因为光照射半导体芯片本身会成为误动作的原因[⊖]。图 1-11-1 表示了典型的封装外形。

典型的封装外形（图 1-11-1）

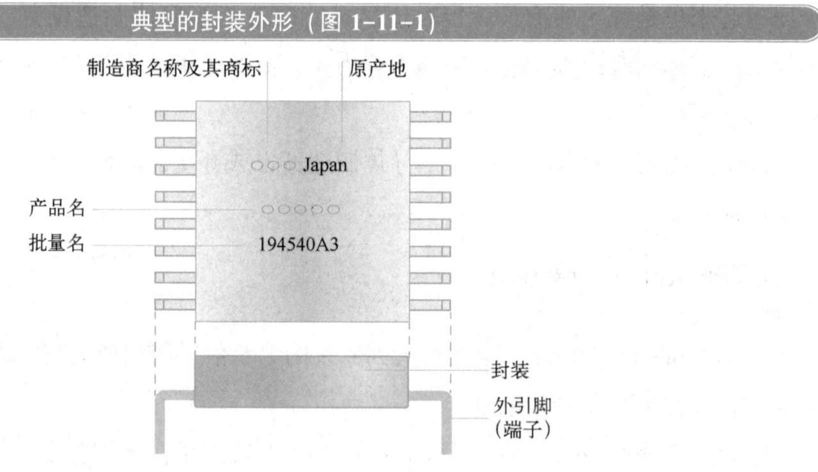

封装的趋势

伴随 LSI 的微细化，封装也具有微型化、高集成化的趋势。特别是，随着高集成

⊖ 误动作的原因：硅吸收光后会产生电子和空穴这两种携带电荷的载流子，这是造成误动作的原因。因此，对晶圆进行电气测量时，需要将晶圆放入类似暗盒的设备中。

化，端子（引脚）的数量也在增加，如何增加引脚的数量并减小引脚的间距成为关键。图 1-11-2 介绍了封装的趋势，其中也包含封装技术。LSI（当时一般称为 IC[1]）开始普及的时候，被归类于通孔插装的 DIP[2]是主流。因为包装的两侧附有很多引线端子，看起来像脚一样，所以被称为蜈蚣。因为端子也可以像前面提到的那样被称为引脚，通孔插装型有时也称为引脚插入型。后来，表面贴装成为主流，出现了各种各样的形状。这些内容将在第 11 章详细论述。

封装的趋势（图 1-11-2）

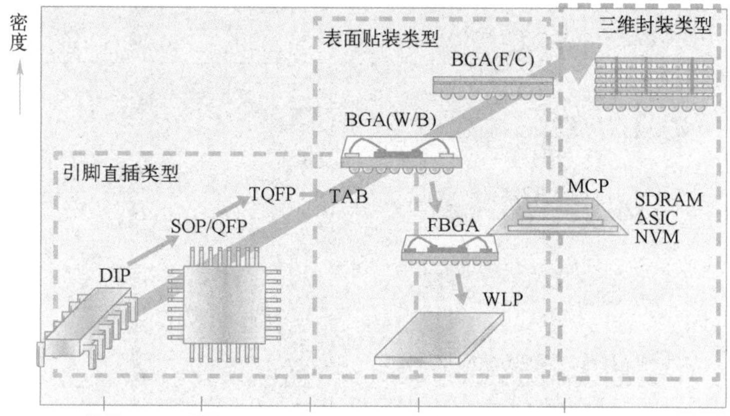

注）缩略语请参照第10章、第11章。

1-12 后段制程使用的工艺是什么？

后段制程是将晶圆上制作的 LSI 切成芯片、装入封装、进行出货检查的工程。所使用的工艺包括设备在内都是硅半导体专用的。

后段制程的流程

前段制程的工艺是化学性、物理性的，虽然工艺的结果可以目测确认，但实际的工艺是肉眼看不到的。后段制程的工艺大多是机械加工，比如把晶圆减薄、划片、引线键合等，特点是很多过程都可以肉眼确认。将整个工艺流程与该流程的作业对象（Work）对

⊖ IC：Integrated Circuit 的缩写，翻译成集成电路。这是 LSI 以下半导体元件数的水平。

⊜ DIP：Dual Inline Package 的缩写。双列直插。

应，用图 1-12-1 表示。具体的流程将在第 10 章进行说明。

后段制程的流程（图 1-12-1）

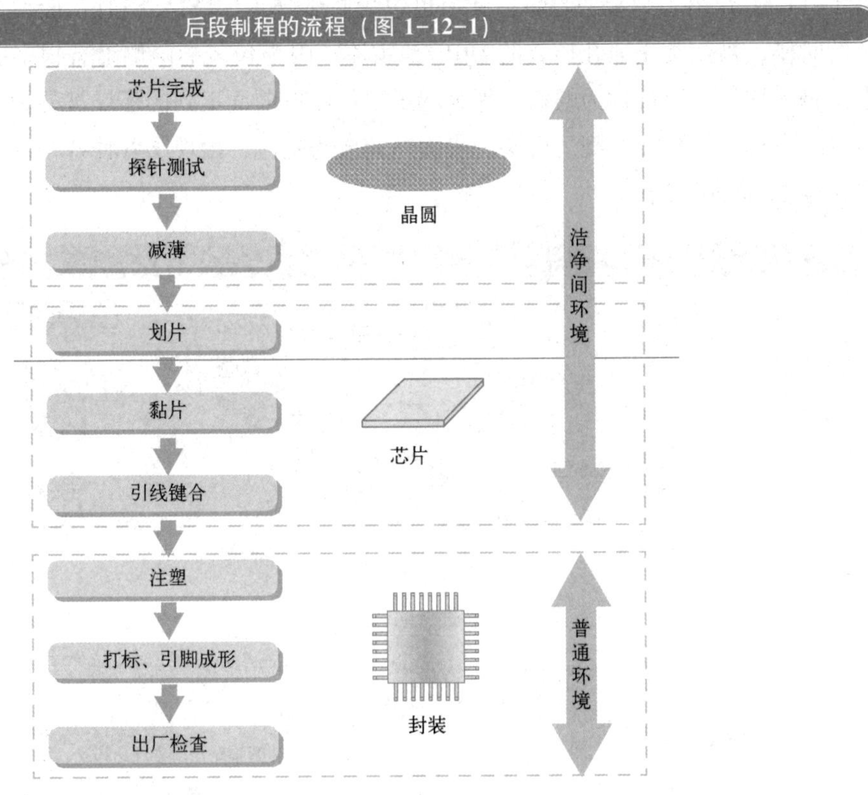

参与后段制程的设备制造商与前段制程的设备制造商在很多情况下是不同的。当然，也有同时参与的企业，但数量并不多。前段制程的工艺设备大多使用真空设备，并使用特殊气体等，只有在该领域非常专业的制造企业才能参与。另一方面，后段制程的生产设备制造商除了检测和出货检查等检查设备之外，传统的制造企业都可入局参与。

后段制程工厂是什么样的？

在实际的半导体工厂中，前段制程 fab 和后段制程 fab 往往选择不同的建筑物或场地，甚至远在不同的区域。

在后段制程中，自动化水平现在取得了长足的发展，但以前，还是有很多工作需要人工操作，因此属于劳动密集型产业。在半导体行业规模较小的时期，日本国内经常也有后段制程 fab。但之后日、美半导体制造商开始在亚洲其他地区设立了后段制程晶圆厂。

半导体的情况是，从前段制程 fab 到后段制程 fab 以晶圆的状态运输，因此运输成本与其他产业相比并不高，这也是前段制程与后段制程的晶圆厂即使分开也没有问题的主要原因。另外，与前段制程相比，后段制程晶圆厂使用较少的水、特殊气体、电力，而且无尘室的洁净度㊀要求也不高，所以对晶圆厂的选址条件也限制不多，比较宽松。

图 1-12-2 展示了前段制程晶圆厂和后段制程晶圆厂的历史变迁，这些变迁将在 11-4 和 12-6 中接触到，到时候会详细介绍。半导体制造商的前段制程和后段制程都在同一个 fab 的时代已经渐行渐远。如图所示，后段制程外包，并且连前段制程都一起外包了，我们现在已是外包时代，变成了所谓水平分工的世界。自主生产大规模通用半导体的垂直整合公司正在成为“濒危物种”。

前段制程和后段制程的历史变迁（图 1-12-2）

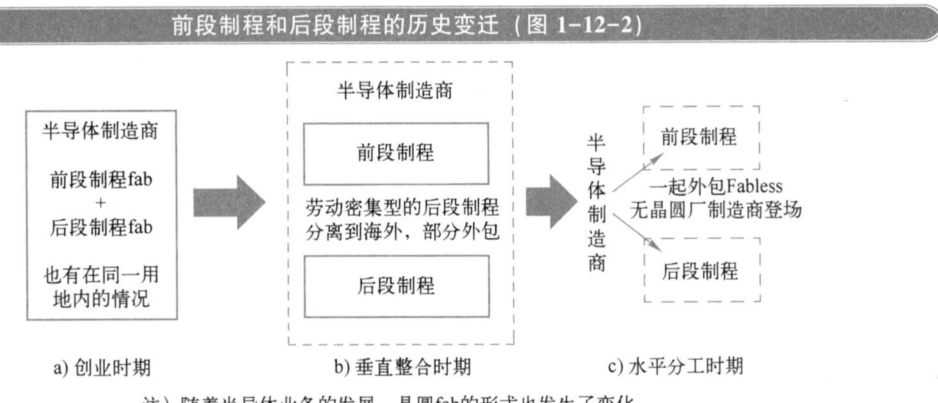

注）随着半导体业务的发展，晶圆fab的形式也发生了变化。

在日本，从半导体创业时期开始，强电设备制造商、家电制造商等就参与了半导体业务，结果是垂直整合的半导体业务蓬勃发展。

有一种说法是，随着资本的系列化，以及日本半导体事业的僵化，导致其落后于世界潮流。与此相对，在美国等国家，有硅谷的创业企业涌入，进入水平分工的商业模式几乎毫无壁垒。

㊀ 洁净度：后段制程的洁净度一般为 1000 级或 10000 级。

CHAPTER 2

第 2 章

前段制程概述

在介绍前段制程工艺各章之前，先总览一下前段制程的整体情况。半导体的前段制程与装配工程（Assembly）是不同的工艺，在此介绍前段制程的思考方法，以及过程管理和监控。最后，还会介绍前段制程晶圆厂的概要，以及尽早开展成品率控制的必要性。

2-1 追求微细化的前段制程工艺

在 1-10 中已有所提及，硅半导体根据所谓的摩尔定律，不断推进加工尺寸的微细化。通过 LSI 的微细化实现高密度、缩小芯片尺寸，从而降低成本。

摩尔定律

芯片尺寸的缩小意味着每片晶圆可以生产出更多数量的芯片。一张晶圆生产出更多的芯片，就会降低芯片的成本。首先提出这一定律的是英特尔公司的戈登·摩尔，因此被称为摩尔定律。具体来说，就是以 3 年为周期实现 4 倍的高密度化。所谓 4 倍的高密度化，也就是说算上芯片面积的增加，3 年后边长变为$\sqrt{1/2}$（1/2 的平方根）。也就是说，每隔 3 年晶体管尺寸应该缩小（微细化）到原来的 0.7 倍。

微细化以后，晶体管性能不会因为尺寸变小而改变吗？比例缩小定律⊖从技术角度对此进行了解决。可能有点难以理解，在一定规格的基础上缩小尺寸，晶体管的性能反而会有提升。图 2-1-1 总结了比例缩小定律。

比例缩小定律的总结（图 2-1-1）

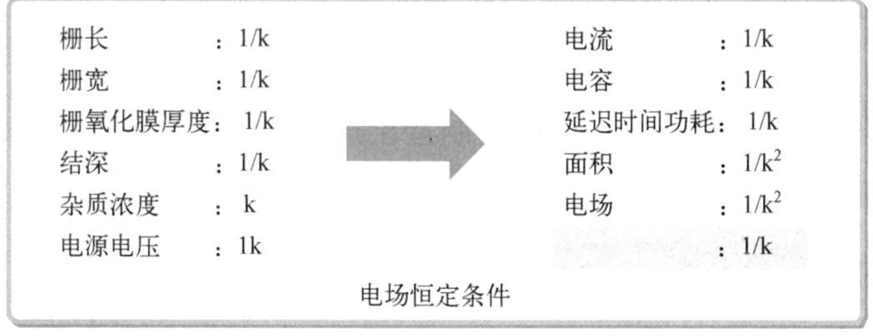

微细化是如何发展起来的？

到现在为止微细化是如何发展的呢？为了从宏观上看这个趋势，在图 2-1-2 中与大型

⊖ 比例缩小定律：由 IBM 公司的 Dennard 等人提出，在恒定电场条件下确定器件加工尺寸与电学性能的比例。

LCD用的TFT阵列㊀进行了动态的对比，时间跨度从1985年到现在为止。从图中可以看出，与TFT阵列相比，硅半导体的微细程度越来越高。大型LCD的TFT加工尺寸只达到了原来的几分之一，而硅半导体的加工尺寸已经达到了几十分之一。这与第5章中提到的光刻技术的发展有很大的关系。一方面，TFT阵列随着平板电视的普及，面板的大型化也在不断发展，玻璃基板的大小被放大了100倍以上，以确保一块玻璃基板所能容纳的面板数量。另一方面，硅晶圆的尺寸增大还不到原来的10倍，但是随着微细化的发展，每片晶圆的确能够生产出更多的芯片了。

先进半导体和LCD的数据比较（图2-1-2）

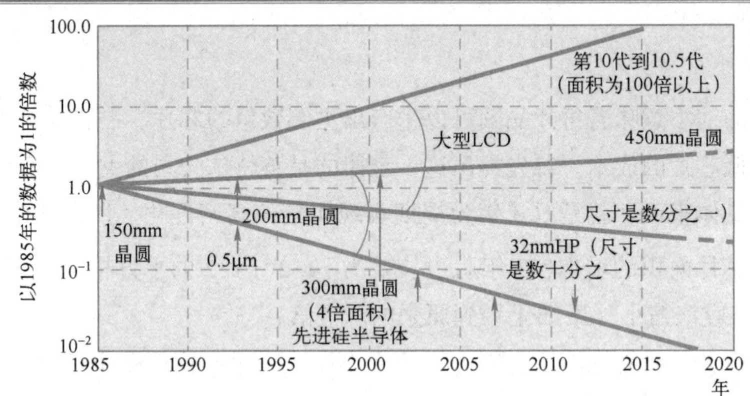

注1）准确地说，与1985年的125mm晶圆进行比较可能是正确的，希望大家能理解整体趋势。也请参见下面的2-2。
注2）微细化图表的数据是设计规则和半间距。HP是Half Pitch的缩写。

2-2 批量制造芯片的前段制程

LSI芯片并不是单独一个一个在晶圆上制造出来的，而是通过第5章中描述的光刻等工艺在晶圆上批量生产出所有芯片。

批量生产的优点

不难想象，LSI芯片一个一个在晶片上制造，是不符合商业利益的。举个不太恰当的例子，纸币是在一大张纸上印刷很多张，然后裁剪出来的。另外，邮票也是在一张纸上印刷几

㊀ TFT阵列：驱动液晶面板的薄膜晶体管（TFT：Thin Film Transistor）的矩阵。

㊁ 第10代：玻璃基板尺寸为2880mm×3130mm，可分割成12块42英寸面板，或6块60英寸面板。还有比它更大的11代计划（2940mm×3370mm）

十张，使用时可以剪下一张或几张想要使用的邮票。芯片制造和这些比喻是差不多的道理。

从单张晶圆中获得的芯片越多，成本就越低。也就是说，微细化带来的芯片尺寸缩小意味着单张晶圆上的芯片数量增加。图 2-2-1 举了一个名为“微细化之旅”的例子。显示了一个从晶圆（300 mm 晶圆，面积约为 700 cm^2）开始一直到存储单元的 1 Bit（比特）（先进工艺下小于 0.1 μm^2）的旅程。可见面积差异至少为 10 位数的量级。这样就很容易理解 Bit 单元不能一个一个去做了。

从晶圆到 1 Bit（比特）的“微细化之旅”（图 2-2-1）

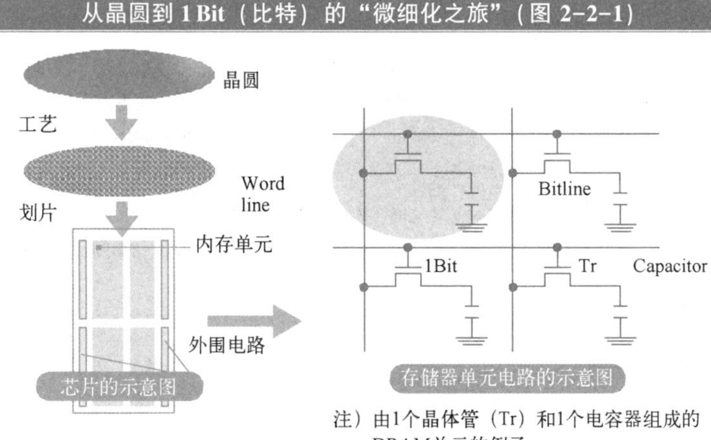

注）由1个晶体管（Tr）和1个电容器组成的DRAM单元的例子

但这样也会有令人担心的地方。只要光刻机用来刻印图形的掩膜版有一处缺陷，缺陷就会被转印出来，所有的芯片都会出现问题。关于这一点，将在 5-4 中结合对策进行详细说明。

与 LCD 面板的比较

在 2-1 中，就芯片的微细化趋势，与 LCD 面板（TFT 阵列板）进行了比较，下面让我们仔细看一下两者的区别。

谈到液晶面板，它也是在一块大玻璃（相当于半导体硅片）上制作出很多液晶面板，这也是由商业模式所决定的。对于 LCD 来说，与 LSI 芯片相对应的是面板，想象一下 LCD 电视的大画面化就会明白，面板越来越大。以前是 32 英寸的尺寸，但现在在 50 英寸以上已是司空见惯了。

这样一来，即使液晶面板是“做大再分块”，可分块的尺寸也会越来越大，因此玻璃基板的尺寸就注定要加大。由于基板变大，工厂内的运输工具也大型化了。

可是另一方面，LSI 的芯片不会越来越大。虽然在先进逻辑 LSI 中有时需要很大的芯片，但并不是倾向于变大。

如图 2-2-2 所示，对于 LCD 来说，玻璃基板的尺寸正加速扩大以容纳更多面板。而对于 LSI 来说，晶圆并没有变得越来越大，通过微细化也可以从一张晶圆中制造出很多 LSI 芯片。这全部得益于“微细化”的指导原则。

LCD 产业和半导体产业间的差异（图 2-2-2）

	硅半导体	LCD面板（TFT阵列）
材料	硅单晶	主要是非晶硅
基板	晶圆（单晶）	玻璃基板为主
单个产品	芯片	面板
单个产品的大小	微细化趋势 不是越来越大	超薄电视的大型化， 面板尺寸也变得更大
基板的趋势	目前为300mm	大型化发展到10.5代
功能	多功能 电源、内存、 IP本身（逻辑）等	开关元件阵列 （带有背板） 的单功能

注）有关IP的介绍，请参阅脚注 9-8。

批量制造和分割

在制造业中，像 LSI 那样一次性制造后再分割成小块是常用的方法。

从笔者的亲身体验开始介绍吧。我第一家工作的公司是生产磁带的。那还是卡式磁带风靡的时代。当时，公司会让新员工去各个事业所参观学习。

磁带是在大的树脂卷上涂上必要的材料来制造的。我记得卷的宽度是 2~3 m。就像一个巨大的年轮蛋糕。现场的人告诉我那叫“薄煎饼”。然后把它分割成不同的大小，再放进一个盒子里。

另外，当时市场上已经出现了半导体存储器，但成品率很低（价格昂贵），所以我所在的公司一直在生产磁芯存储器。磁芯存储器是利用磁滞回线的存储器。将导线穿过具有磁性的小铁氧体铁心，通过电流使其发挥存储作用。铁氧体铁心很小，只有 1 mm 左右。这样的铁心无法用冲床制造出来，所以我记得是先把混合铁氧体的树脂做成胶带状，然后把它弄下来制造出来。

这也是陈年旧事了，可能不太准确，但我认为大体上是正确的。也就是说，一次性制造后再进行分割。因为像这样一开始做得很小，就不符合商业利益，也难以为继。LSI 也继承了这种方法。

顺便说一下，在这小小的铁氧体铁心上穿线的工作被称为“编织”。一位心灵手巧的女工一边看着立体显微镜，一边用镊子穿过钢丝。因为需要在安静的环境中工作，所以在另外的厂房里进行。当然是“男子禁入”。其实半导体产业也不是买了生产设备放在那里就可以的，我觉得这个领域同样需要发挥操作人员的技能。

2-3 在没有"等待"的工艺中进行必要的检查和监控

前段制程是一个无法重做的过程，因为它需要一直连续进行。在这种情况下，在线检查和监控对于保持良品率是必不可少的。

半导体工艺独有的思路

可以说，前段制程是无法一边工作一边看到结果的工序。举个例子，陶器也是一样，涂上颜料之后，放入窑中烧制，直到拿出来为止，都不知道会变成什么颜色。这与组装作业那种可以事后拆开重新组装的生产形式有很大的不同。用将棋㊀比赛来比喻的话，就是"没法等"的那一步。

与此同时，对于如何把握结果，半导体也有其独有的思路。在前段制程中，有时需要一次性处理几十片甚至上百片晶圆，每个晶圆中又有成千上万个芯片，而其中晶体管的数量更是天文数字。

为了制造出每一颗芯片，采取的是将所有晶圆作为整体"放入特定的分布中"的想法，而不是考虑晶圆之间的偏差、晶圆内部的偏差、芯片之间的偏差，以及晶体管之间的偏差，进而产生特定值。如图 2-3-1 所示，批量生产的产品的确存在很多偏差，但半导体工艺的基本原则是如何减小偏差，提高各批次产品的可重复性。

针对工艺结果的思路（图 2-3-1）

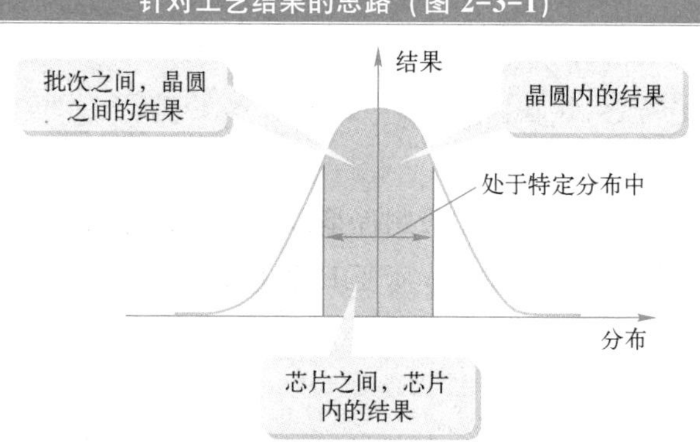

㊀ 将棋：是一种日本象棋类游戏。——译者注

监控的必要性

如上所述，由于结果在工艺完成之前未知，因此应始终监控设备的状态和工艺的结果。监控主要有两种类型：工艺中的原位监控（In-Situ）和工艺后的异位监控（Ex-Situ）。

在线监控工艺线进行的状态，称为在线监控（In-Line）。在某些情况下，我们无须实时监控工艺线，称为离线监控（也称 Off-Line，参见 2-6）。图 2-3-2 给出了在线监控系统化的例子。

在线监视系统的示例（图 2-3-2）

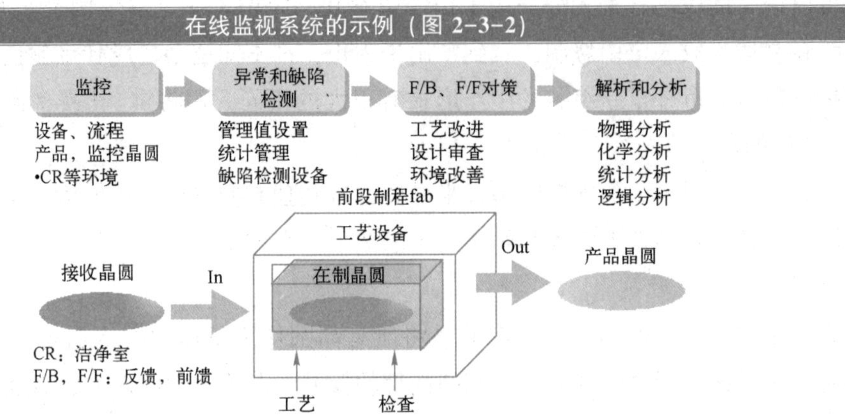

我想至此大家应该明白了，这就是 1-9 中提到的硅晶片有多种使用方法的其中之一，会大量使用监控用晶圆。例如设备传送检查时需要传送测试用晶圆，设备颗粒检查时需要颗粒检查用晶圆。

2-4 前段制程 fab 的全貌

我们也经常称 fab 为工厂。由于前段制程是以晶圆为作业对象进行的，所以在晶圆的传输和洁净度等方面，与后段制程的 fab 所要求的规格有很大不同。

什么是洁净室？

首先，前段制程的一大特点是生产线的清洁度要求非常严格。通常需要至少 1 级㊀以上的清洁度。这意味着空调通风量很大，很耗电。另外，大家在电视新闻中看到播放半导

㊀ 1级：Class 是洁净度的标准。用 1 立方英尺（约 30 cm^3）中的空气中存在多少颗粒来表示。Class 1 是指存在 1 个颗粒。

体工厂的情况时，工人是穿着白色的无尘服在工作的。的确如此，如 1-8 所述，人体是灰尘的来源，因此，为了防止这种情况，是穿着无尘服工作的。但是，只有这些还不能称其为洁净室（Cleaning Room）。除了电力之外，半导体工艺设备还需要各种设施（气体、化学溶液、纯水及废气/废液处理装置等）。图 2-4-1 显示了将气体分配到洁净室工艺设备的示例。洁净室是一个干净的空间，除此以外，还需要各种设施像人体的血管和神经一样运行着。

半导体前段制程洁净室的示例（图 2-4-1）

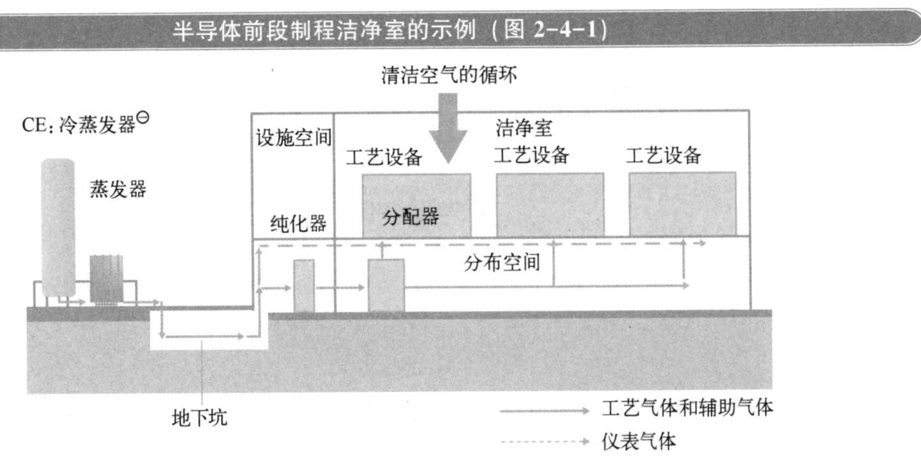

工厂需要哪些设备？

在洁净室中，除了空调运行以外，制造和传送设备的运转也需要电力，光这个费用就颇为庞大。而且，在前段制程中使用大量纯水、气体、化学溶液等，这些也需要相应设备。例如有时候我们会用到气站（Gas Plant）这个词，其实就是在现场建了一个制造气体的工厂。此外，大量使用纯水、特殊气体和化学品意味着会产生大量废水、废气和废液，这些需要减排和处理设备。目前在前段制程 fab 中，这些设施的厂房占据了相当大的用地面积。所以，前段制程 fab 往往会给人一种以洁净室为主的印象。其实如上所述，这些设施设备也非常重要，而且还需要保证纯水生产的水源，选址也是一个挑战。在图 2-4-2 中尝试描绘了一幅前段制程 fab 的全景图。

⊖ Cold Evaporator：冷蒸发器：半导体工艺中大量使用的氮气、氧气和氩气以高纯度液体状态输送到 fab 中，并储存在冷蒸发器中。当使用时，如图所示，在冷蒸发器中气化，在纯化器中提高纯度，并通过分配器分配给每个工艺设备。

半导体前段制程 fab 的全景图（图 2-4-2）

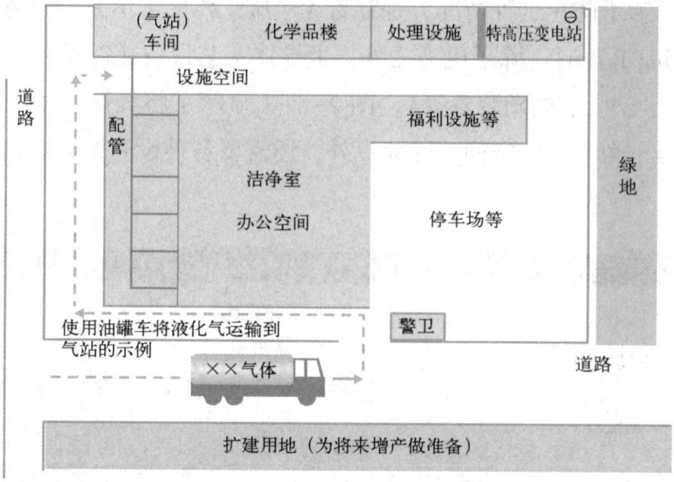

（气站）车间
化学品楼
处理设施
特高压变电站⊖
设施空间
道路
配管
福利设施等
洁净室
办公空间
停车场等
绿地
警卫
使用油罐车将液化气运输到气站的示例
××气体
道路
扩建用地（为将来增产做准备）

2-5 fab 的生产线构成——什么是 Bay 方式?

在 1-3 中介绍过，前段制程工艺应该称为循环型工艺。为此，在洁净室内的生产线（也简称为 Line）上生产设备的布局称为 Bay（海湾）方式。

为什么选择 Bay 方式?

Bay 的意思是海湾。叫这个名字可能是因为同一工艺的设备看起来像一艘漂浮在海湾中的船。不管怎样，如何在晶圆厂的洁净室内布置半导体制造设备是一个挑战。

正如前面多次叙述那样，由于前段制程要多次通过同一种工艺，如果按照经过的顺序布局设备，有多少台设备都是不够用的，而且洁净室的面积也会变得庞大。因此，一般采用把相同种类的工艺设备布局在同一海湾的方式，这就是 Bay 方式，在图 2-5-1 中展示出了示例图。放入硅晶圆的载具和搭载 FOUP⊜的 OHV⊝被传送到各个设备（未示出）。据说大规模晶圆厂的传送线总长度达几十千米。

顺便说一下，洁净室的建设和维护都需要成本，仅洁净室空调的运营成本就非常昂贵。因此，洁净室不能浪费空间，要放置最需要的设备。

⊖ 特高压变电站：特殊高压（66 kV）通过电源线传输到半导体晶圆厂，设备将其降压到所需的电压。

⊜ FOUP：Front Opened Unified Pod 的缩写，前开式晶圆传送盒。支持局部清洁系统（也称为迷你环境系统）的晶圆盒。盒子可以从外部打开和关闭。

⊝ OHV：Over Head Vehicle 的缩写，置顶传送车。在洁净室的顶棚下像单轨列车一样传送载具和 FOUP 的系统。

Bay 方式举例示例图（图 2-5-1）

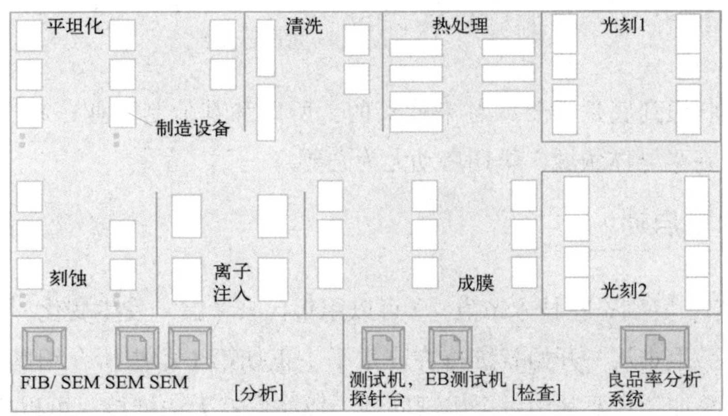

注）在光刻时，由于处理光刻胶，光刻是一个孤立的区域（参见 5-5）。

实际生产线的运行

但是，对于一条实际的生产线，中途也会发生工艺制造设备的更换和生产的增减等。为此，半导体生产线的运行需要随机应变，需要在布局上下功夫。

在 2-3 中提到的监测和检查需要怎样布置呢？

当然，不同设备也被安置在洁净室内，对各种各样的工艺设备进行监控和结果检查。如图所示，根据检查、解析设备的不同，有时会安置在洁净室外面，以上这些都由量产生产线进行统一管理，如图 2-5-2 所示。

检查和测量系统的示例（图 2-5-2）

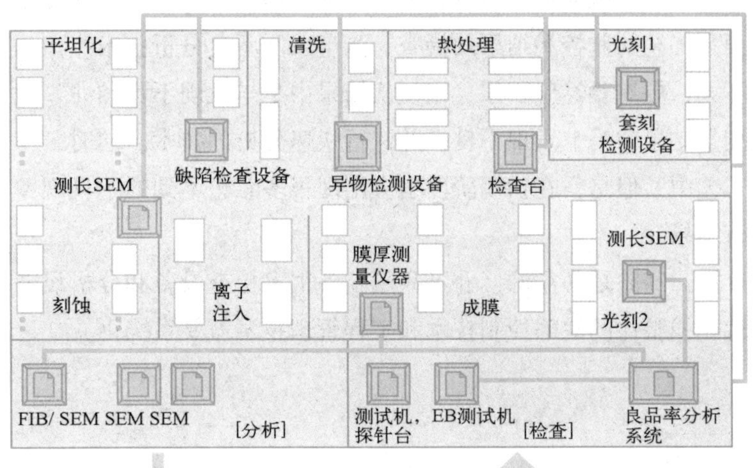

2-6 晶圆厂需要尽早提升良品率

半导体产品归根到底是需要顾客来购买的，所以和其他制造业一样，成品率（良品率）非常重要。在半导体领域，早期启动尤为必要。

为什么要尽早启动？

LSI的良品率，特别是在技术节点㊀（可以用年代来考虑）发生变化，工艺、设备发生巨大变化的时候，很难从一开始就维持在高水平。正如第1章中所介绍的，LSI的工艺是多个工艺的重复叠加，只要其中一个出现问题，成品率就无法维持。可以想象，如果这个工艺中的很多环节都进行了更新换代，那么维持成品率就非常困难。

另一方面，在推出LSI新商品时，虽然可以卖出高价，但随着时间的推移，就会面临成本竞争。也就是说，如果不在产品更新换代初期大量投放市场，就无法盈利。这就需要在开发和试制阶段找出很多问题，在进入批量生产时迅速提高成品率。这被称为“垂直提升”。如图2-6-1所示。这意味着在开发有了目标，进入试制之后，要尽量快速提高成品率。

如何提高初期成品率？

从开发阶段到试制，再到量产的成品率尽快提升，笔者也有一些这方面的经验。最根本的是从开发阶段开始，就应该将检查结果积极地反馈给工艺，图2-6-2显示了基本的做法。根本的东西是工艺的监控和结果的检查、测量以及不良分析技术。但是，常规的检查和测量效果也不大，更需要经验积累，以便从结果中尽早发现不良预兆。此外，失效分析也需要能够从测量结果中马上发现不良，并进行快速分析的技术。同时，至关重要的是尽快将其反馈到工艺中。但是，在初期阶段也会出现很多意想不到的不良现象，因此需要分析技术并能看清结果。

在某种程度上，经验是必需的，并不只是配备很多检查设备和分析设备就可以的。如图左侧所示，生产线整体的缺陷控制技术和工程管理技术需要系统化。

㊀ 技术节点：以微细化发展阶段的最小加工尺寸，来代表某个技术时代的方法。也可以理解为与过去使用的设计规则是一个意思。最近用半间距来表示。

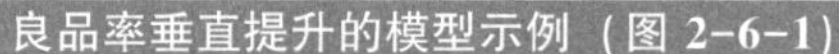

良品率垂直提升的模型示例（图 2-6-1）

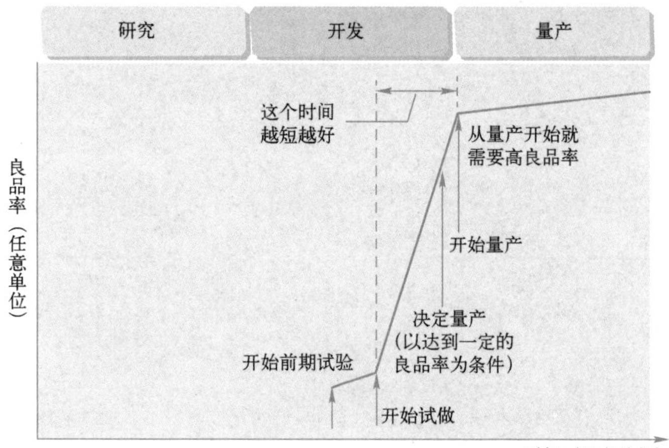

从系统化角度所看到的生产线中可能的良品率管理（图 2-6-2）

检查、测量和分析

1. 缺陷控制技术
2. 过程管理技术

- In-Situ工艺监控与Ex-Situ工艺监控
- 在线检查和测量
- 离线检查和测量
- 失效分析

到生产线（工艺）的反馈和前馈

关于各种测量设备，笔者在《图解入门——半导体制造设备基础与机制精讲［原书第 3 版］》中有详细介绍，有兴趣的读者可以参考。

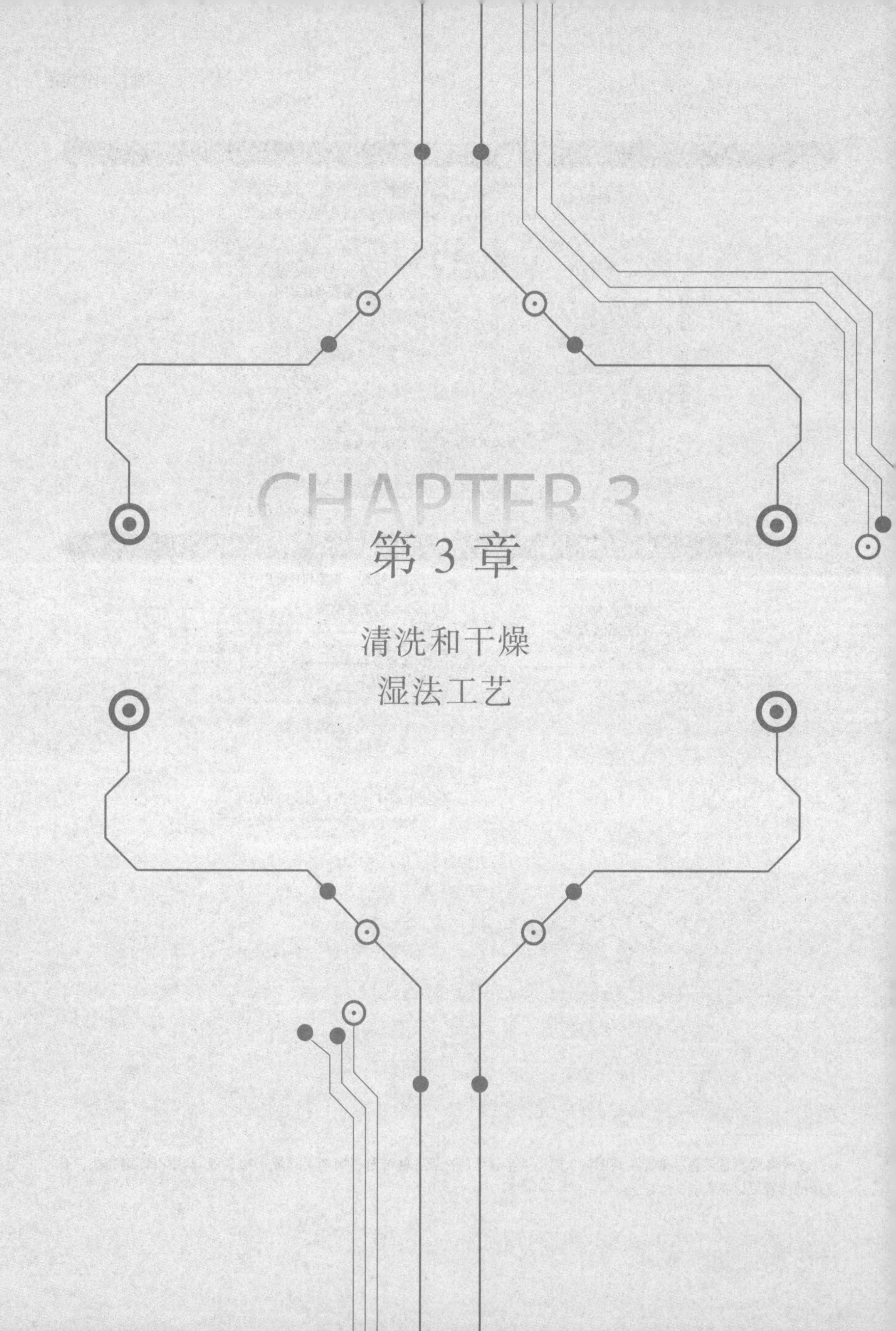

CHAPTER 3

第 3 章

清洗和干燥湿法工艺

本章主要讲述的是清洗、干燥。在前段制程中，晶圆在半导体工艺设备之间传送期间，必须进行清洗和干燥，因此就涉及常用的清洗技术。另外，考虑到晶圆在清洗后从清洗设备中出来的时候，一定要保持干燥的状态，本章也会涉及一些干燥技术。

3-1 始终保持洁净的清洗工艺

如1-8中所介绍的那样，前段制程是循环型工艺。晶圆经过LSI制造工艺时，在设备和设备之间传送，这期间一定要进行清洗和干燥。

为什么每次都需要清洗?

晶圆在每次的工艺处理过程中都会受到污染，所以要进行清洗和干燥。清洗和干燥是配套的，晶圆一定要在干燥的状态下从清洗设备里拿出来，这被称为“干进干出”(Dry-In-Dry-Out)。原因是如果晶圆处于含有水分的状态，晶圆表面就会加速氧化。另外，肉眼看不见的水滴残留也会造成水渍。因此，干燥是非常重要的，关于这点后面会介绍。

为何会出现水渍(参照3-7)等污染?通过图3-1-1可以说明问题所在。造成晶圆污染的原因分为两大类，一类是洁净室、晶圆接触的材料，以及工艺设备引起的；另一类是制造工艺本身引起的。

晶圆上颗粒和污染的外部因素(图3-1-1)

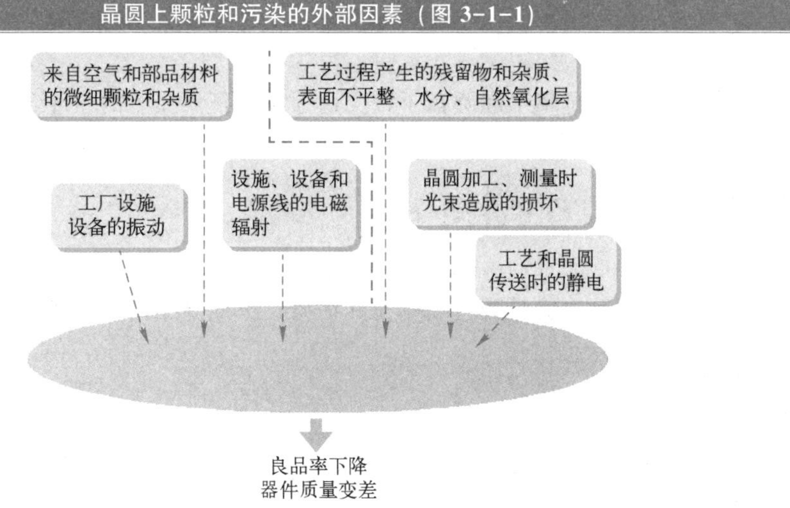

▶▶ 仅对表面进行清洗处理是不够的

清洗晶圆并不只是清洗表面而已，侧面和背面的清洗都是必要的。的确侧面[⊖]和背面在芯片制造上不会直接发生问题，但是侧面和背面附着的颗粒和污染会以某种形式转移到表面，这种情况如图 3-1-2 所示。因此，不是只清洗晶圆的表面就可以的，而是需要清洗整个晶圆。

颗粒从晶圆背面到表面的转移（图 3-1-2）

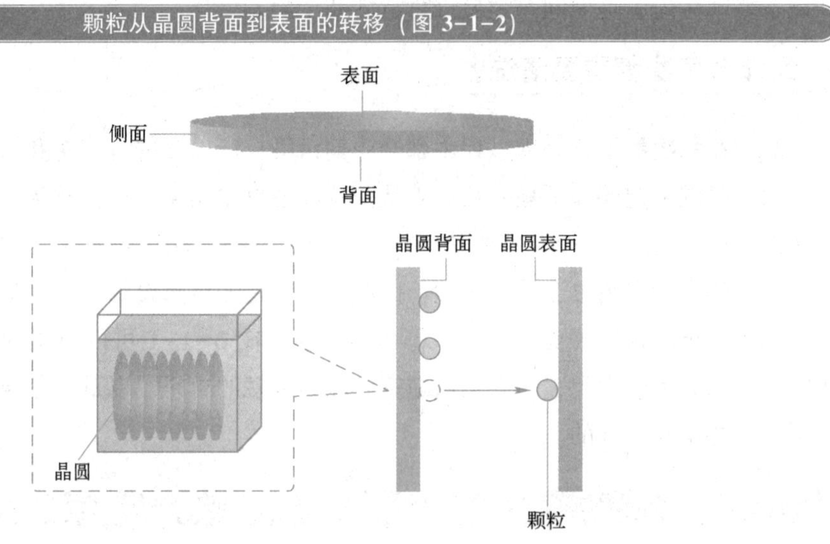

当然，干燥也必须是整个晶圆都干燥。这才是真正意义上的“干出”。

3-2 清洗方法和机理

简单来说，清洗是去除晶圆上的颗粒和污染，下面介绍清洗的各种方法。

▶▶ 清洗方法

如图 3-2-1 所示，晶圆上的颗粒和污染可以通过化学或者物理两种方法来去除。物理

⊖ 侧面：晶圆的侧面也称为斜面。虽然在图中看起来像一个垂直的表面，但实际上是一个凸面，表面没有抛光，所以表面非常粗糙。

方法包括用刷子机械去除污染或用超声波振动去除污染，而化学方法则通过化学反应直接溶解颗粒和污染，或者把附着了颗粒或污染晶圆的表面溶解掉“一层薄皮”。去除较大的杂质颗粒用刷子等物理方法比化学方法更有效。但是，也有去除的颗粒再附着的情况，所以必须仔细控制物理去除法的参数。另外，如图所示，在实际生产中，我们可以将这些方法组合起来进行清洗。

清洗方法（图 3-2-1）

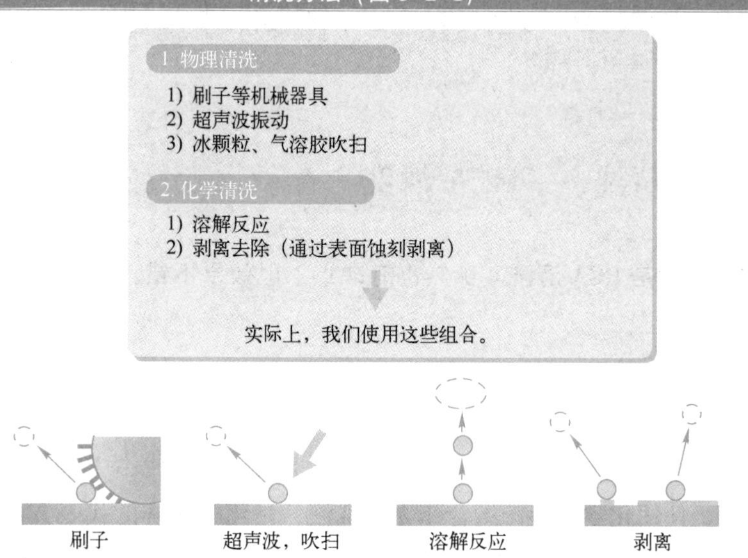

此处介绍的内容都是使用化学溶液的湿法清洗。此外，还有干洗（可能会喷注气溶胶颗粒）等，将在 3-9 中说明。

什么是超声波清洗？

对于上述两种方法，从加强物理作用的方法开始介绍。首先，讲述一般常用的超声波清洗。超声波是人耳听不到的 20 kHz 以上的振动波，利用振动去除附着在晶圆表面的污染和颗粒。频率在 100 kHz 以下的超声波和 100 kHz 以上的超声波也都有使用，其产生的作用不同，内容如图 3-2-2 所示。

超声波在半导体工艺中很常用。后段制程使用的例子请参考 10-5。

超声波清洗原理（图 3-2-2）

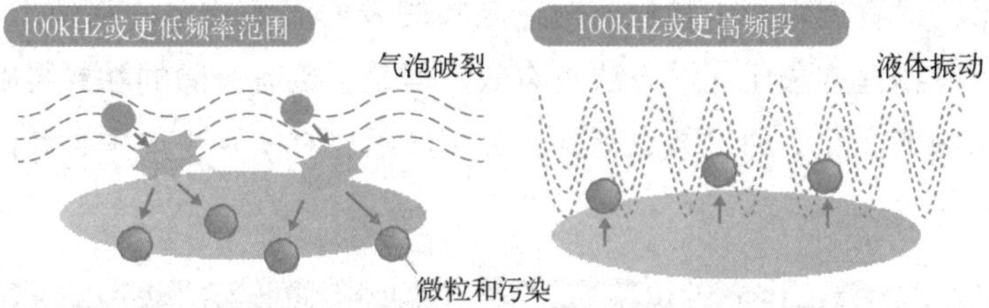

100kHz或更低频率范围

气泡破裂

微粒和污染

在液体中产生气穴（微小气泡），利用破裂时的冲击波来吹走晶圆上的污染和细颗粒

100kHz或更高频段

液体振动

在液体中产生振动，使晶圆上的污染和细颗粒在大的动能下弹开

3-3 基础清洗——RCA 清洗

晶圆清洗的基础是 RCA 清洗。虽然也有缺点，但效果不错，所以至今仍作为标准来使用。

什么是 RCA 清洗？

RCA 清洗是化学清洗的典型方法。它是 20 世纪 60 年代由 RCA 公司㊀的 Kern 和 Puotinen 提出的，使用化学溶液的组合作为清洗液，是化学清洗的代表方法。基本上针对各种污染的清洗液组合、混合比例、温度等都已确定，图 3-3-1 中显示了 RCA 清洗液的例子。氨和双氧水（称为 APM）的混合物也简称为“氨双氧水”，对去除有机污染和颗粒有效，这里叫作 SC-1 清洗，SC 是 Semiconductor Clean 的缩写。盐酸和双氧水的混合物称为 HSM，简称为“盐酸双氧水”，对去除金属污染有效，这也称为 SC-2 清洗。此外，硫酸和双氧水的混合物称为 SPM，简称为“硫酸双氧水”，可有效去除光刻胶及其残留物。通常的清洗设备中都有盛放上述化学药品组合的清洗槽。

图 3-3-2 显示了不同用途的 RCA 清洁组合示例，但这只是一个例子而已。另外，RCA 清洗主要用于前端工序。因为在后端工序中形成金属布线，RCA 清洗液会溶解金属布线。

㊀ RCA：RCA 是 Radio Corporation of America 的缩写，是美国代表性的电子企业。

RCA 清洗液示例（图 3-3-1）

1. APM（SC-1）氨和双氧水→去除有机物和细颗粒
   $NH_3/H_2O_2/H_2O$ = 1/1 /5~1/2/7 75~85℃
2. HPM（SC-2）盐酸和双氧水→去除金属污染
   $HCl/H_2O_2/H_2O$ = 1/1/6至1/2/8 75至85℃
3. SPM硫酸和双氧水→去除有机物、光刻胶
   H_2SO_4/H_2O_2=4/1, 100~120℃
4. DHF（稀氢氟酸）→去除薄氧化层
   HF（约0.5% ~5%）常温
5. BHF（氢氟酸缓冲溶液）→去除自然氧化膜
   NH_4F/HF=1/7常温

注）比率和温度根据一定的标准和半导体制造商而稍有不同。

RCA 清洗组合示例（图 3-3-2）

1.氧化前清洗
   APM→冲洗→DHF→冲洗→HPM→冲洗→干燥
2.退火前清洗
   APM→冲洗→HPM→冲洗→干燥
3.灰化后清洗
   SPM→冲洗→DHF→冲洗→干燥

RCA 清洗的挑战

除了以往的问题之外，因为是很久以来一直使用的方法，从现在的角度来看，各种问题也在增加。特别是一直以来都认为加热是一大障碍，加热引起的化学溶液蒸发会使溶液的浓度发生变化，为了安全起见，加热危险化学品也必须采取各种措施。另外，加热使用的这些化学溶液对环境的影响也带来了挑战。因此，为了降低对环境的影响，正在摸索替代的方法，这将在下一节进行论述。

3-4 新清洗方法的例子

如前所述，RCA 清洗需要提高温度，化学药品本身也会对环境造成影响，从现在的环保观点来看这些问题愈发变得突出。因此，目前正在探索在低温下不使用过多化学品的清洗方法。

新的清洗方法

列举上一节没有提到的 RCA 清洗液的问题，第一个是化学溶液本身的问题，SC1 引起的硅表面的 COP㊀和微粗糙度（表面的微小凹凸），导致金属污染（Fe/Al）吸附等问题；SC2 也有 HCl 腐蚀等问题。第二个问题是由各种化学溶液组合而成，所以清洗流程太长。

因此，建议采用添加剂和其他化学溶液作为新的化学清洗液。例如在 SC1 中添加络合剂和界面活化剂、SC1 添加 DHF、将 SC2 换为 HF 或 HF/HCl，以及使用 HF/H_2O_2等。

另外，在降低对环境的影响方面，可以使用 SPM 进行臭氧气体鼓泡、使用 SC1 的清洗以及 TMAH 的代用、使用功能水等。例如有气体溶解水（臭氧水、溶解氧水、富氢水）等。图 3-4-1 显示了各种研究机构所提出的代表性的例子。UCT（Ultra Clean Technology）清洗是东北大学㊁开发的，IMEC 是比利时的研发公司。

新清洗方法的流程示例（图 3-4-1）

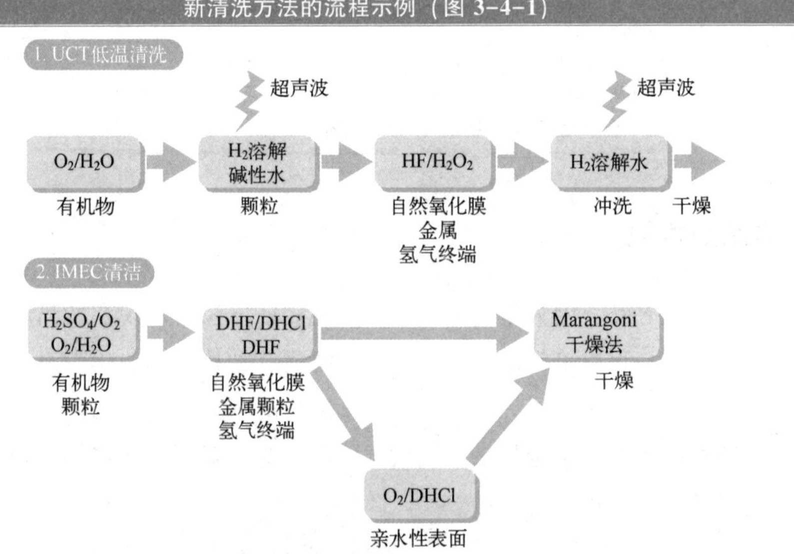

注）试剂名称DHF和DHCl中的 D是Dilute的缩写，表示稀释的HF和HCl。

未来的清洗方法

作为未来清洗方法，有两个议题备受瞩目。一个是超临界 CO_2 清洗，另一个是美国初

㊀ COP：Crystal Oriented Particle 的缩写，晶圆表面的结晶引起的缺陷。

㊁ 东北大学：日本的东北大学。

创公司所提出的把颗粒包裹在“分子团”（Cluster）中并去除它们的“分子团水”方法。超临界是指在临界点以上的温度和压力下的物质，是一种既是流体又是气体的状态。从以下所列出的需求来看，未来似乎会有各种各样的提案。

整体上包括设备在内，必须以提高清洗性能为目标。

① 微细化趋势及伴随而来的新结构、新材料。

例如 Cu/ULK 结构、High-k 栅极堆叠结构等（这些结构参见第 7 章）。

② 低成本、高吞吐量。

③ 减少对环境的影响。

3-5 批量式和单片式之间的区别

清洗、干燥工序需要多次进行，是前段制程中次数最多的工艺。因此，需要减少每片晶圆所需的时间。另一方面，晶圆的直径达到了 300 mm 这么大的尺寸，采用批量式还是单片式哪种更合适也成为问题。

什么是批量式？

批量式是将多片晶圆集中在一起进行处理的工艺设备。典型的批量处理的数量取决于容纳晶圆的载具和处理台。对于清洗设备，则是由载具能容纳的晶圆张数决定的，通常是 25 片。不使用载具的无载具清洗装置将在下一节中说明。大量的晶圆同时进行批量处理，相应降低了芯片的成本，因此对于类似清洗这种需要反复使用的工艺来说是非常有利的。

什么是单片式？

与批量式相反，将晶圆一片一片进行处理的方法称为单片式。晶圆的大小从 6 英寸左右开始，批量式的设备逐渐被单片式的设备所取代。这是由于随着晶圆直径增大，无法确保晶圆表面清洗的均匀性。

此外，除了大规模生产相同芯片（如内存）的代工厂，在生产少量的类似 ASIC[⊖]这种定制 LSI 时，批量处理的优势也变得不那么明显。但是，与批量处理相比每个晶圆所需的时间，换言之，单位时间可以处理多少个晶圆（称为吞吐量，Throughput），这成为主要挑战。

⊖ ASIC：Application Specific Integrated Circuit 的简称。用于特定应用的 IC，由多个电路组合而成。

清洗设备分类如图3-5-1所示。当然，干燥装置也相应地包含在内。此处省略了对设备的详细说明，将晶圆浸入试剂或纯水槽中的类型称为浸入式，从喷嘴喷出试剂或纯水的类型称为喷雾式，干法清洗工艺将在3-9中讨论。

图3-5-2显示了批量式和单片式晶圆清洗设备的概念比较。

之所以在试剂槽之后总是有一个纯水冲洗槽，是为了保证附着在晶圆或载具上的化学试剂不会被携带到下一个溶液槽。即使是单片式设备，也请务必在喷洒下一种化学溶液之前冲洗掉先前的化学溶液。

清洗设备的分类（图3-5-1）

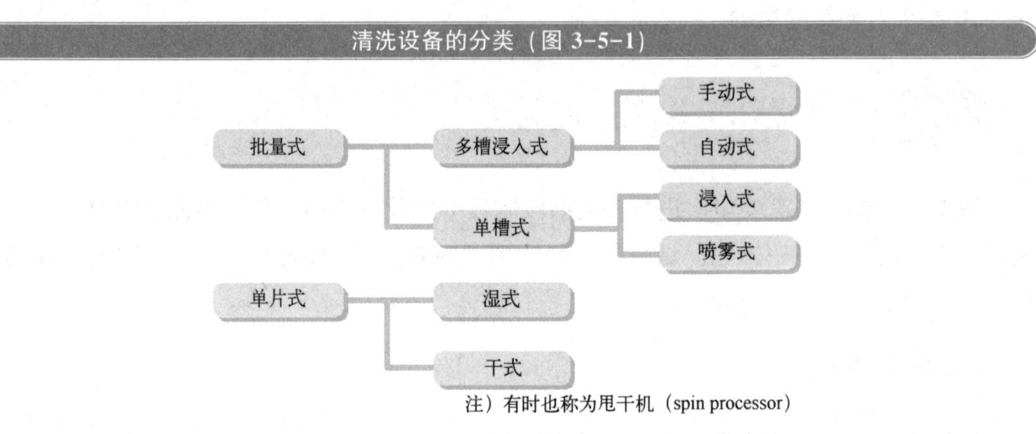

批量式和单片式清洗设备的比较（图3-5-2）

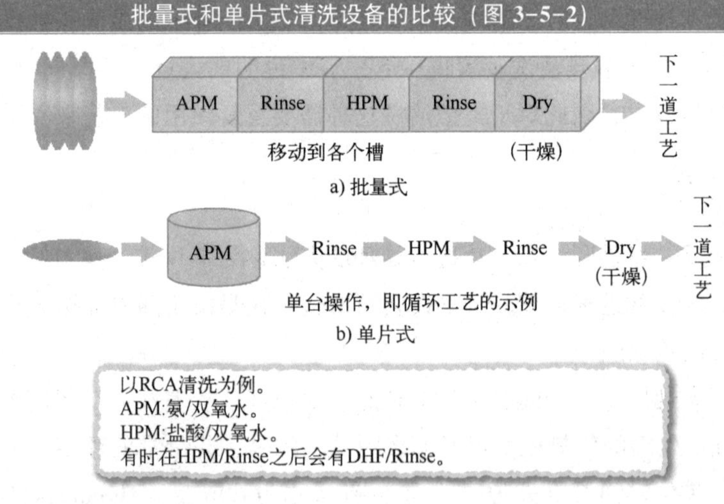

3-6 吞吐量至关重要的清洗工艺

如前面所述，需要减少每片晶圆所需的时间。我们称其为吞吐量，但是清洗工艺有各种各样的组合，无法轻易比较。

清洗设备的吞吐量

直觉上，一般认为批量清洗装置的吞吐量更大，在图 3-6-1 中比较了批量式和单片式清洗设备的吞吐量。这是批量式和单片式的极端比较，是假设每个液体槽的处理时间为 10 分钟的情况下计算出来的结果，此时很明显，批量式的吞吐量更大。但是，如果把单片式的每片晶圆处理时间缩短到 1 分钟，则计算结果将会相同。由此看来，关键是要根据工艺选择合适的方法。

批量式和单片式的吞吐量比较（图 3-6-1）

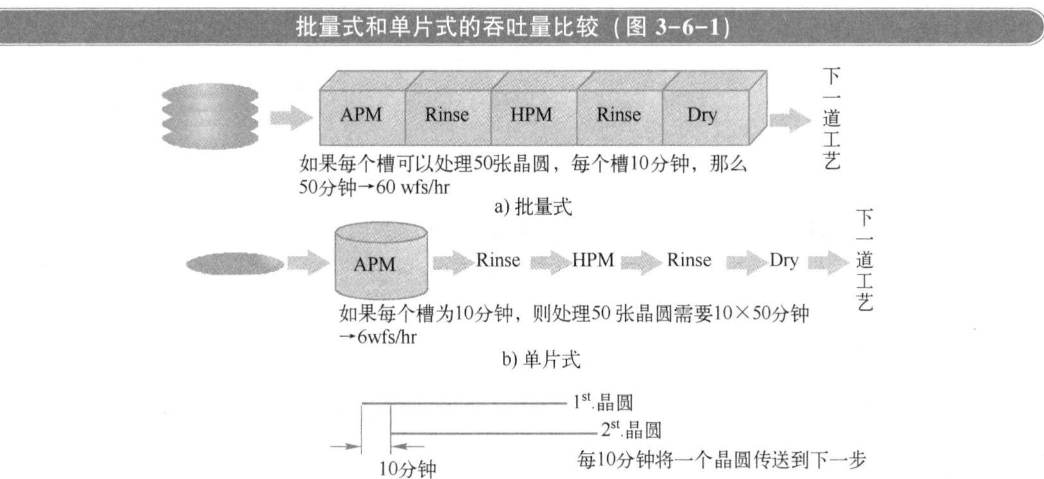

a) 批量式

b) 单片式

无载具清洗机

接下来将讨论无载具批量式清洗机，用于处理 300 mm 等更大尺寸的晶圆。当晶圆直径达到 300 mm 时，载具必须变大，所使用的化学试剂和纯水量也会增加。设备随之变大，洁净室的清洗设备所占面积也随之增加，这些势必带来困扰。

如图 3-6-2 所示，无载具清洗装置采用机器人直接运送晶圆，不必使用载具将晶圆传送到各个清洗槽。由于节省了运送到载具的时间，因此可以提高吞吐量，并有助于减少载具造成的污染（减少冲洗时间）。当然，如图所示，装置的小型化对于减少化学试剂和纯水的使用量也是有效的。批量清洗设备的小型化非常重要，虽然这只是我的个人经验。记得以前在考虑洁净室的布局时，因为多槽批量式清洁设备所占面积很大，最终安排起来也是吃了不少的苦头。

无载具清洗设备（图 3-6-2）

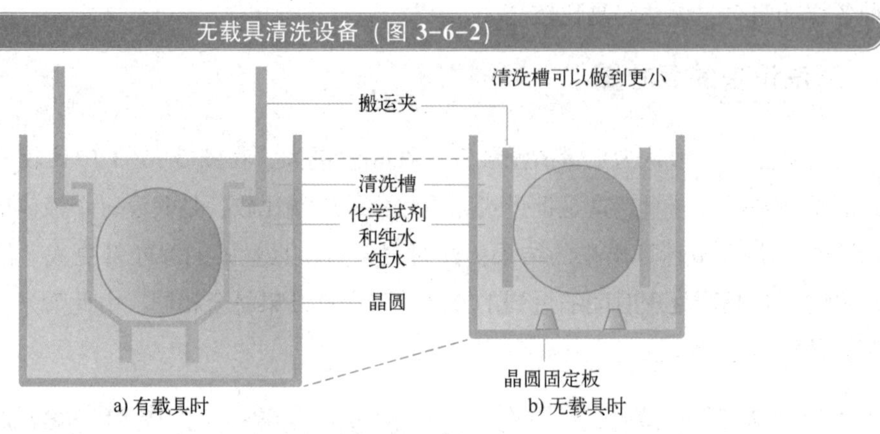

3-7 清洗后必不可少的干燥工艺

晶圆清洗后，如果不马上干燥，表面会氧化，还会形成称为“水渍”的污染。清洗和干燥是两套一组，在清洗设备上必须附有干燥装置。

什么是水渍？

硅表面活性部分残留水时，硅表面会被氧化，这比较容易理解。但水渍（Water Mark）对大家来说可能是一个陌生的术语。从现象来看多在以下情况时发生。

① 在疏水性表面（如 DHF 处理后的 Si 表面）更易产生。换句话说，当水滴与表面的接触角更大的时候。

② 有图形的地方容易发生。

③ 在甩干的时候容易发生。

④ 到干燥完毕所经时间过长，容易发生。

水渍产生的机理如图 3-7-1 所示，是由空气、水滴和硅表面的固体、液体、气体三相界面中不完全氧化的硅形成的。也就是说，彻底清除残留的水滴是必不可少的，干进干出则是清洗和干燥的基本要求。根据上述水渍产生的原因，可采取以下切实有效的方法，包

括减少从漂洗到干燥的时间、控制干燥环境以减少氧成分、对多图案的晶圆进行 IPA[⊖] 干燥等。

水渍的产生机理（图 3-7-1）

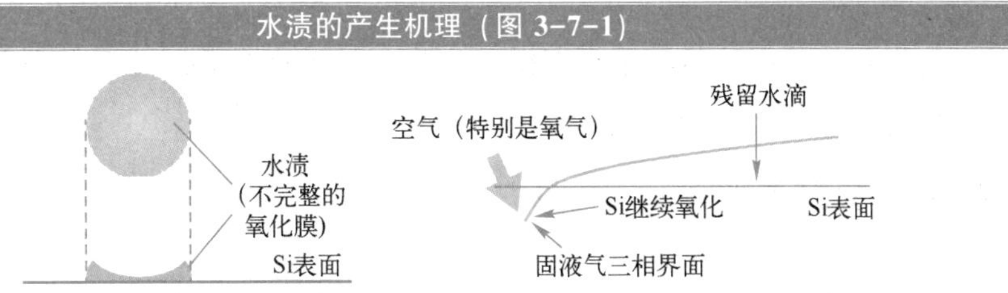

在前面写了“硅表面活性部分”，这么说的原因是硅的表面有悬空键（Dangling Bond）（硅共价键的未配对电子），因此，硅表面具有疏水性（排斥水）。当硅表面形成热氧化膜或自然氧化膜时，它变得具有亲水性（容易被水弄湿）。在硅表面形成栅氧化膜时（参见第 7 章），要去除自然氧化膜并激活表面。

干燥方法

传统上广泛使用的方法是旋转干燥（Spin Dry）和 IPA 干燥。前者将晶圆放入一个特殊的盒子中，并高速旋转以甩掉水分。后者是用挥发性 IPA 蒸汽替换晶圆表面的水分，使之干燥。干燥的主要方法如图 3-7-2 所示。图中的马兰戈尼（Marangoni）干燥将在下一节中解释。

干燥的主要方法（图 3-7-2）

手法	机理	优势	问题
旋转干燥	使晶圆高速旋转，去除水分	设备结构简单，价格低廉，吞吐量高	需要条件最优化、产生静电、有活动部件
IPA干燥	用IPA（异丙醇）蒸汽置换水分	有利于图形	使用易燃化学品、有机物、残留物
马兰戈尼干燥	将晶圆从纯水中立即拉入IPA蒸汽中	减少了IPA使用量和水渍	吞吐量小、有机物残留

⊖ IPA：Iso-Proply Alcoho 的缩写。异丙醇。

3-8 新的干燥工艺

干燥工艺需要从环保的角度重新审视，为此，节能的干燥技术正受到关注。此外，一直在努力削减有机物 IPA 的使用量。

什么是马兰戈尼干燥？

马兰戈尼干燥使用马兰戈尼力㊀，因此而得名。在这种方法中，当冲洗水槽喷出 IPA 和氮气的同时，将晶圆迅速拉起，并通过此时产生的马兰戈尼力去除水分，图 3-8-1 显示了马兰戈尼干燥机理。IPA 干燥也使用 IPA，但在这种情况下，必须一直充满 IPA 蒸汽，这会增加 IPA 的使用量。与此相反，马兰戈尼干燥只需喷射 IPA 蒸汽，因此有减少 IPA 使用量的优点。这种方法是由欧洲设备制造商在 20 世纪 90 年代后期设计并进入市场的。

马兰戈尼干燥的示意图（图 3-8-1）

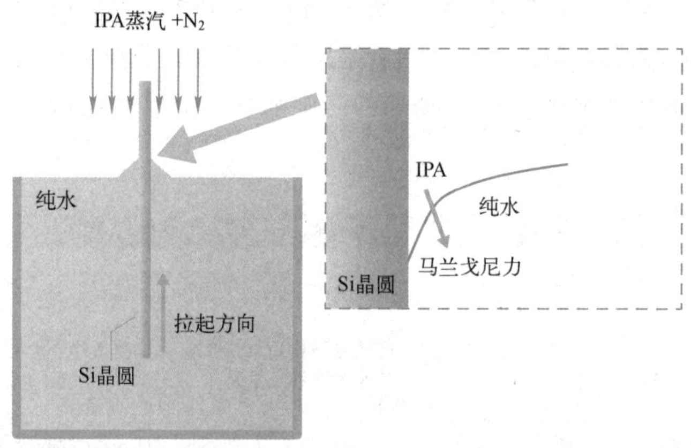

什么是罗塔戈尼干燥？

罗塔戈尼（Rotagoni）干燥也是欧洲发明的干燥方法。它可以说是吸收了单片式甩干和马兰戈尼干燥的优点，其机理如图 3-8-2 所示。在图中的单片式旋转干燥机中高速旋转晶圆，进行旋转干燥的同时，从喷嘴吹出纯水和 IPA 蒸汽，IPA 蒸汽朝着晶圆的外周方

㊀ 马兰戈尼力：是由于表面张力的梯度而产生的。参照图 3-8-1 可知，从 IPA 到纯水的方向的表面张力变大。

向一边吹一边进行干燥。此时，晶圆的外周方向会产生马兰戈尼力，因此马兰戈尼干燥会同时发生。由于在此也同时使用了自旋干燥，IPA 的使用量可能会进一步减少。

罗塔戈尼干燥的示意图（图 3-8-2）

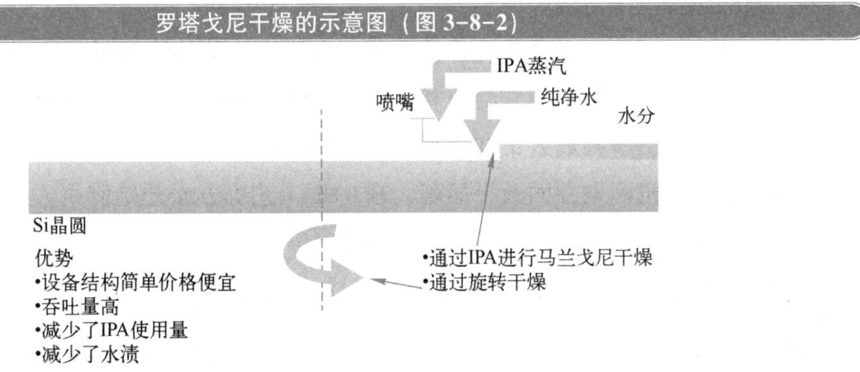

此外，在使用马兰戈尼干燥法时，IPA 蒸汽和 N2 的喷射能否完全去除水分，多少有些令人担忧。但是罗塔戈尼干燥法同时使用自旋干燥法，因此更加有利。

3-9 湿法工艺和干法清洗

刻蚀工艺将在第 6 章中介绍，其主流是不使用化学溶液的刻蚀，称为干法刻蚀。在这里，我们将介绍使用化学溶液的湿法刻蚀。笔者还要谈谈完全干洗的前景。

为什么是湿法工艺？

湿法处理的优点是一次可以处理多片晶圆。而且只要有一个盛装刻蚀液和冲洗用纯水的液槽，就可组成刻蚀设备，所以设备成本低，无疑也会降低芯片的成本。然而，刻蚀的形状会是各向同性的，请参见 6-1。另一个特点是它不使用等离子体，因此对设备的损坏较小。湿法刻蚀的缺点之一是废液处理等问题。

某些蚀刻工艺中可能不关心形状，例如去除不再需要的硬掩膜（参见 4-1），或者去除表面的薄氧化膜，此时可以使用湿法刻蚀工艺。在这种情况下，就晶圆厂内部的设备布局而言，可能会把刻蚀设备、清洁/干燥设备作为同一类布置到同一隔间中。有时会把这些使用化学药品、纯净水等设备统称为湿台（Wet Station）。

完全干法清洗的尝试

如上所述，前段制程需要使用大量的水。因此，在建厂选址时就要限定在能够大量取水的地方，而且还需要废水处理设施。因此，曾经有人提议采用完全干法清洗工艺。但是，随着使用研磨料的 CMP 的登场，完全干法清洗的想法烟消云散。至少在 CMP 工艺后，我们只能选择湿法清洗。

但是，并不是所有的干法清洗都消失了。最近通过紫外线照射的干燥清洗等方法也受到关注。另外，也有人提出用气溶胶颗粒进行清洗。这些方法作为干燥工艺不需要大型设备，也不需要真空，所以最近正在得到更多厂商的青睐。

前者在去除有机污染方面效果显著，在 TFT 工艺等方面开始使用。后者虽然能有效降低对环境的影响，但吞吐量方面还存在未知数。

这些方法已汇总到图 3-9-1 和图 3-9-2 中，供大家参考。

紫外线照射清洗的示意图（图 3-9-1）

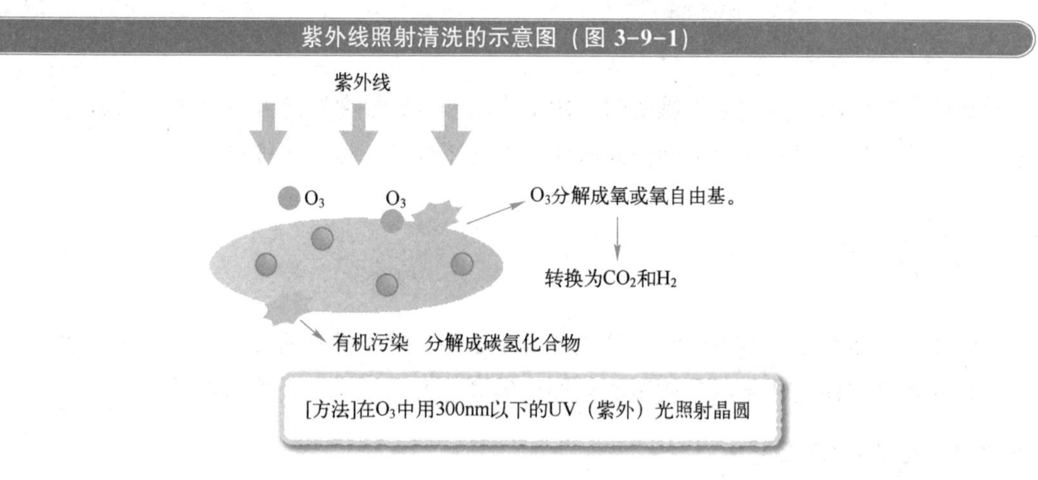

气溶胶颗粒清洗的示意图（图 3-9-2）

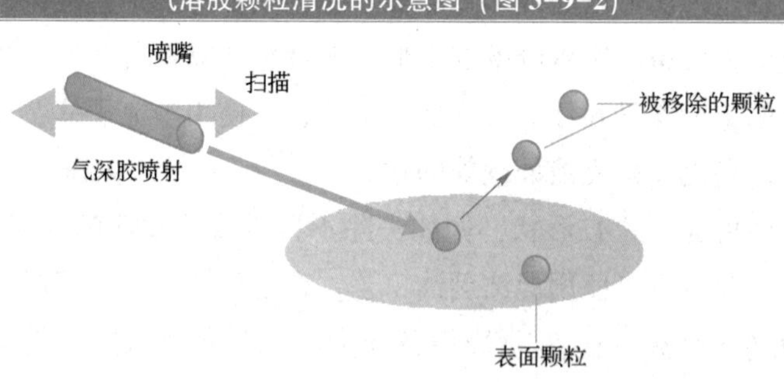

批量制造和分割

当我开始涉足这个领域的时候，RCA 势头渐弱，但似乎还有足够的技术储备来出版一本名为 *RCA Review* 的杂志。我还记得读过其中的一些文章。记得当时有一本书叫 *Thin Film Processes*（Academic Press，1978），我也是通过这本书了解刻蚀和 CVD 技术的。这本书主要是由 RCA 的工程师执笔的。后来，据说该公司被 GE（General Electric）收编，成为其中的一个部门。写到这里，我想知道这本书的名字是否正确，于是在网络上搜索了一下，发现这本书至今仍以上述书名出版。虽然公司的名字好像消失了，但是我觉得这些技术还是被继承下来了。

CHAPTER 4

第 4 章

离子注入和热处理工艺

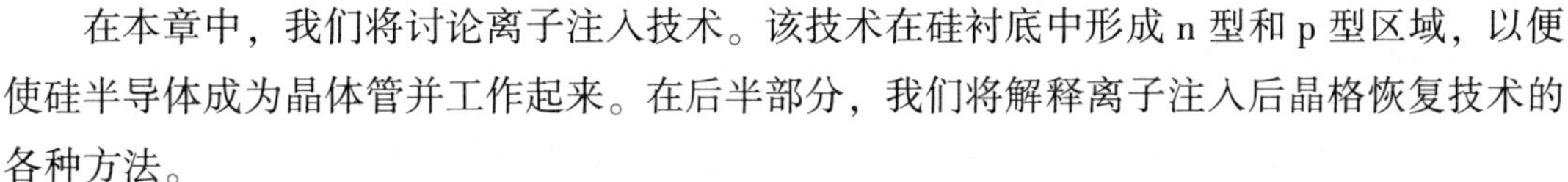

在本章中，我们将讨论离子注入技术。该技术在硅衬底中形成 n 型和 p 型区域，以便使硅半导体成为晶体管并工作起来。在后半部分，我们将解释离子注入后晶格恢复技术的各种方法。

4-1 注入杂质的离子注入技术

如 1-3 中所述，硅半导体不能只在本征区或同类型的杂质区中形成晶体管并工作。为此，必须在硅衬底中形成 n 型区域和 p 型区域，离子注入技术扮演了这个角色。

离子注入技术之前

以前使用的是扩散方法。具体来说，在晶圆上形成包含 n 型杂质的磷（P）的薄膜，然后在硅晶体中进行固相扩散。该方法已经不再用于先进半导体工艺，但用来在多晶硅太阳能电池中形成 n 型区域。以前，可以说生产线的生产能力是由扩散设备的数量决定的，在前段制程的生产线中，我们现在称呼的“Front-End”经常被称为扩散生产线。由于扩散方法需要长时间处理，并且很难在特定区域形成 n 或 p 区域，因此开始使用下述的离子注入法。两者的比较如图 4-1-1 所示。

离子注入法与扩散法的比较（图 4-1-1）

1. 预沉积（Pre-Depot）：在表面形成杂质层

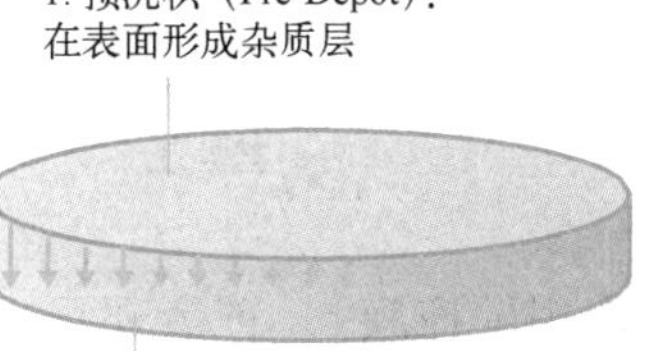

2. 推结：扩散到所需的深度

扩散法

- 只要有热处理炉就够了
- 杂质种类有限
- 需要长时间处理

1. 离子注入：表面杂质注入离子

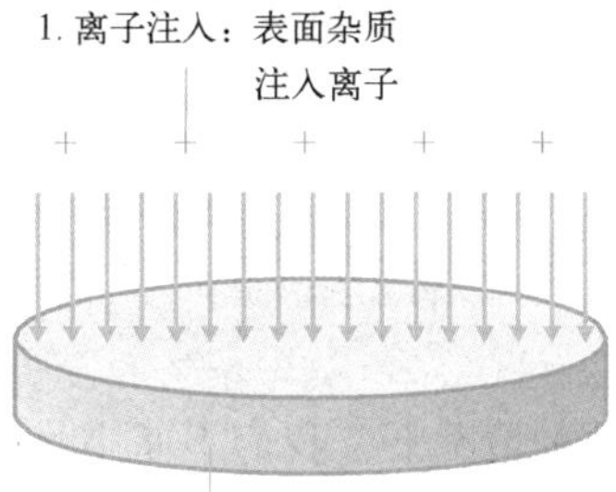

2. 热处理：离子注入后晶格恢复

离子注入法

- 需要扫描晶圆
- 需要大型真空设备
- 需要根据设备区分使用
- 杂质的选择多种多样
- 需要晶格的恢复处理

注）为了方便，图中的扩散或离子注入都只在晶圆表面的一部分进行，但实际是整体进行的。

什么是离子注入？

正如字面的意思，该方法是将作为杂质的原子进行离子化，再提供足够的加速能量，将其注入硅晶体中，设备的概要如4-2所述。由于此方法仅注入单晶硅中，因此需要进行热处理，以便进行晶格恢复，这部分在后面的4-2会有叙述。换句话说，离子注入[㊀]和晶格恢复的热处理是两个一组的工艺，就像上一章中的清洗和干燥一样。

顺便说一下，离子注入的区域和硅的厚度相比是非常薄的。最深处也只有1 ~ 2 μm。离子注入后的晶格恢复处理也是在那个区域进行的。实际的离子注入是通过光刻掩膜进行的，其形成和去除要使用第5章中介绍的光刻工艺和灰化工艺。以上所述的离子注入的流程如图4-1-2所示。

离子注入的工艺流程（图4-1-2）

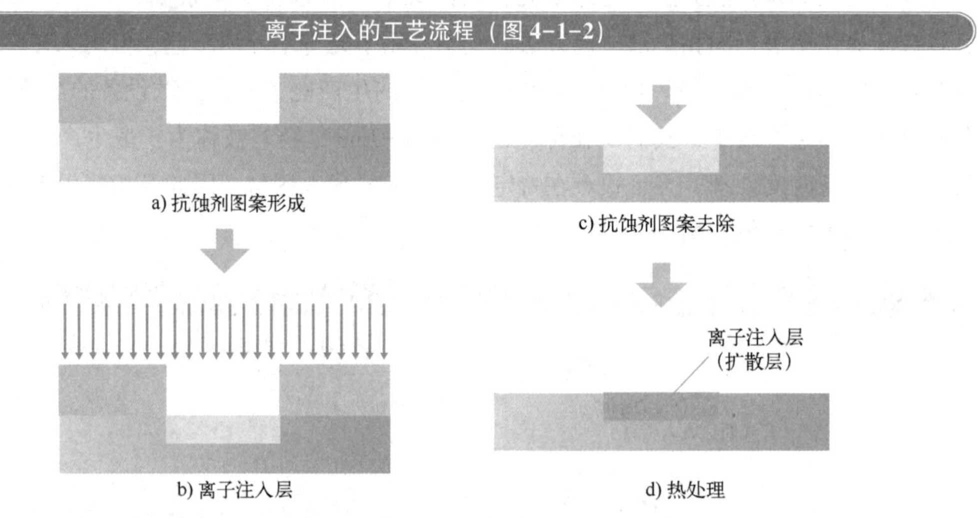

当然，在某种情况下，我们不使用光刻胶而使用硬掩膜[㊁]。或者还可以通过自对准形成源极/漏极。

4-2 需要高真空的离子注入工艺

为了形成n型和p型杂质区，必须将这些杂质转变为离子状态，并将它们注入硅衬底

㊀ 离子注入：英语是Ion Implantation。

㊁ 硬掩膜：使用氧化硅膜和氮化硅膜。在光刻胶无法承受加热温度时使用，当然也使用光刻和蚀刻进行图形化。

中。离子注入机用来完成这些工作，为此，该设备需要高真空室和离子加速器。

什么是离子注入机？

离子注入机的概貌如图 4-2-1 所示。离子注入机大致分为离子源、质量分离器、加速器、离子束扫描和离子注入室。简而言之，离子源使电子与杂质的气体分子碰撞产生所需的离子，而质量分离器则利用电场和磁场的作用去除不需要的离子（例如所需杂质以外的离子或多价离子），并仅得到所需的离子，这与质谱仪的原理相同。所谓多价离子，例如 P（磷）的离子存在一价的 P^+ 和二价的 P^{2+}，通常使用一价离子。加速器通过施加高电压给离子提供注入硅的能量。束流扫描单元能够对离子束进行整形，并扫描离子束以将其注入整个晶圆。其上放置晶圆的承物台被放入离子注入室中，在此离子被注入晶圆中。如上所述，由于是在离子状态下照射晶圆，因此离子注入机需要高真空度，必须使用满足规格要求的真空泵。

离子注入设备的示意图（图 4-2-1）

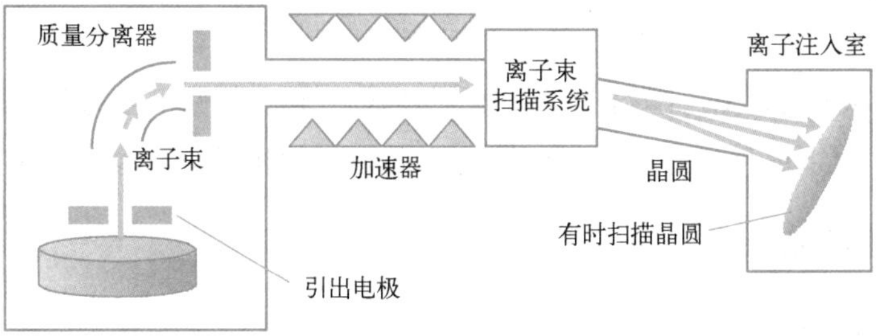

离子束扫描是什么样子的？

由于离子的波束不会很大，要对整个晶圆进行离子注入，要么像前面说的那样用晶圆扫描离子束，要么用光束扫描晶圆。前者使用了光栅扫描（Raster Scan）的方法。这是一种用于电子束扫描的方法，该方法被应用于显像管和扫描电子显微镜（SEM㊀）等。光栅扫描是将光束按一定方向反复扫描的方法，所以当图案的纵横比大的时候，由于射入的角度一定，会出现射入偏差。另外，晶圆的大直径化会导致晶圆内的均匀性恶化。因此，光栅扫描已不太使用。取而代之的是混合扫描的方法，即沿着一定的方向扫描离子束，同时以正交的形式扫描晶圆，两种方法的比较如图 4-2-2 所示。

㊀ SEM（Scanning Electron Microscope）：扫描电子显微镜缩写。

离子束扫描的方法（图 4-2-2）

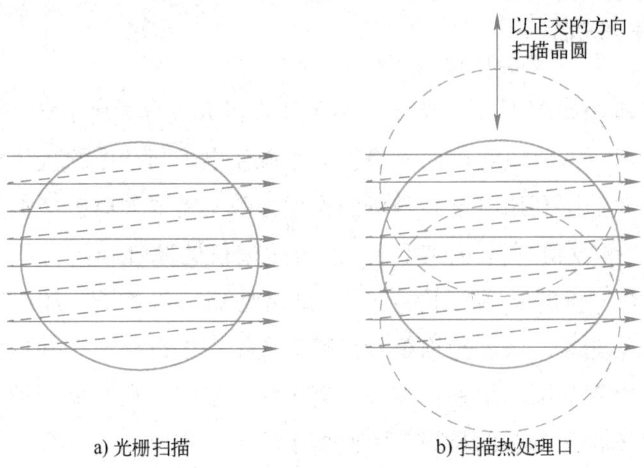

4-3 用于不同目的的离子注入工艺

n 型和 p 型杂质区域在半导体器件中发挥各式各样的作用。为此杂质的浓度会发生变化，杂质区域（以下简称扩散层）的深度也不同。与其相对应，也有各种离子注入技术。

各式各样的扩散层

虽说都是扩散层，但 n 型和 p 型的区别自不必说，其深度和杂质浓度也不同。这里如果不说明半导体器件的原理和功能，可能比较难以理解，请大家参考如图 4-3-1 所示的 CMOS 逻辑晶体管的例子来理解所谓的扩散层。在 CMOS[㊀] 中，n 型晶体管和 p 型晶体管如图所示并排制作。图中的源极和漏极是扩散层，栅极就像是驱动晶体管的开关。顾名思义，阱（Well）可以想象成我们见过的水井，它是与晶圆中所含杂质不同类型和浓度的杂质扩散层。此外，还有各种离子注入工艺和扩散层，例如阈值调整离子注入（也称为 Vth[㊁] 调整），用于调整晶体管开关时的电压（栅极电压）；口袋（Pocket）离子注入，用于注入栅极周围；沟道离子注入（Channel Stop Ion Implantation），用于注入 STI[㊂] 以及如图

㊀ CMOS：Complementary Metal Oxide Semiconductor 的缩写。如图所示，n 型晶体管和 p 型晶体管成为各自的负载，从而减小了电流。将在第 9 章的 CMOS 工艺流程中进行介绍。

㊁ Vth：阈值电压在英语中称为 Threshold Voltage，缩写从此演变而来。

㊂ STI 参见 8-7 的脚注。

所示的元件隔离区域。

各种扩散层-CMOS 逻辑晶体管为例（图 4-3-1）

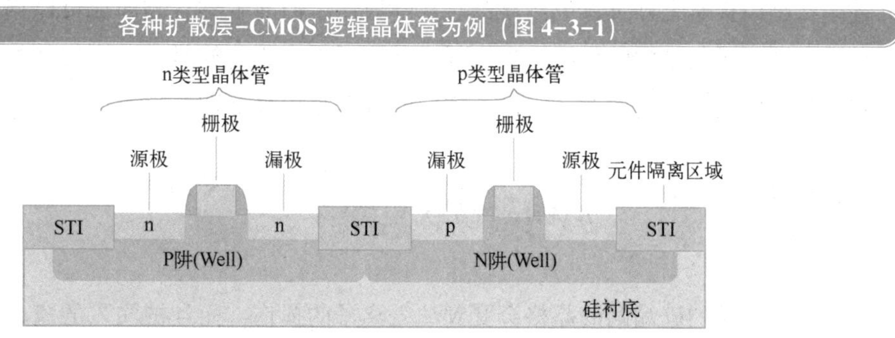

具有不同加速能量和束电流的离子注入工艺

这些扩散层（离子注入区域）具有不同的杂质浓度和扩散深度（结深）。扩散层的深度由离子注入机的加速能量控制，杂质浓度由离子的束电流来控制（对应于离子的剂量，类似我们吃药时的剂量）。例如阱的结很深，因此需要足够的加速能量，而源和漏极需要高浓度的杂质。也有适合各种要求的专用设备，大致分为三组：高能、高电流（也称为高剂量）和中电流（也称为中剂量）。

这些标准如图 4-3-2 所示。可以粗略地认为高能量对应阱，高电流对应源漏极，中电流对应其他。特别是随着微细化的发展，源漏极需要高电流、低能量的离子注入。

各种离子注入工艺和设备（图 4-3-2）

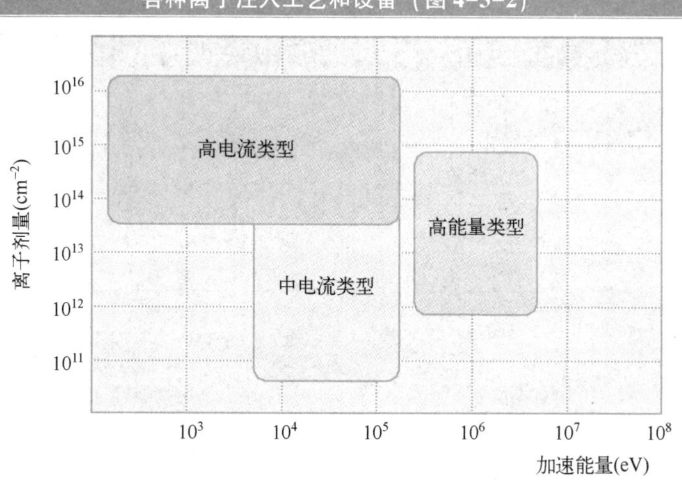

最后介绍的是，作为替代离子注入法的掺杂法（Doping），包括等离子体掺杂法和激光掺杂法已经被研究开发。虽然还没有实际应用，但前者具有侧面也可以掺杂的优点，在晶体管实现三维化结构的今天，也许很有必要开展实用化的研究。而后者的优点是在用激光器熔化硅的同时进行掺杂，因此不需要热处理来提高活性。

4-4 离子注入后的晶格恢复处理

注入离子后的硅晶圆的晶格会受到注入离子的损伤，而且被注入的离子也需要位于正确的晶格点上。这就是晶格恢复热处理。

什么是硅晶格？

首先，让我们想象一下硅晶体的晶格。硅是单晶，所以硅原子是有规律地排列的。如图 4-4-1 所示。但是如果只有硅，电流很难流动。于是通过离子注入（也称为“Doping”。Doping 与奥运会上进行的药检是同一个单词）在硅中注入杂质，使电流更容易流动。也就是说，如图右侧所示的是包含热处理在内的离子注入技术，更高层次的概念也叫杂质掺杂技术。请注意，这里打入的杂质原子与硅晶体的晶格相替换。掺杂的杂质原子和硅原子交换成为 n 型杂质，或者成为 p 型杂质。而杂质离子即使在硅晶体的晶格之间也没有什么意义。

在硅的晶格中掺杂杂质的示例（图 4-4-1）

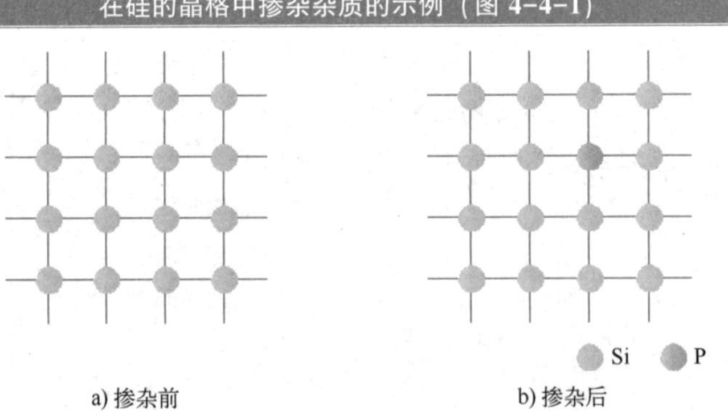

这些杂质原子与硅形成共价键（这意味着进入硅的晶格点），电子比硅多一个的杂质是 n 型，电子少一个的杂质是 p 型。因此，能够成为 n 型杂质的是 P（磷）和 As（砷）

等，能够成为 P 型杂质的是 B（硼）等，如图 4-4-2 所示。

硅中注入杂质的示例（图 4-4-2）

i 类型
p型 （本征半导体）n型

Ⅰ	Ⅱ	Ⅲ	Ⅳ	Ⅴ	Ⅵ	Ⅶ	Ⅷ
H							He
Li	Be	B	C	N	O	F	Ne
Na	Mg	Al	Si	P	S	Cl	Ar
K	Ca	Ga	Ge	As	Se	Br	Kr

Si

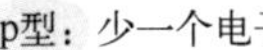

n型：多一个电子

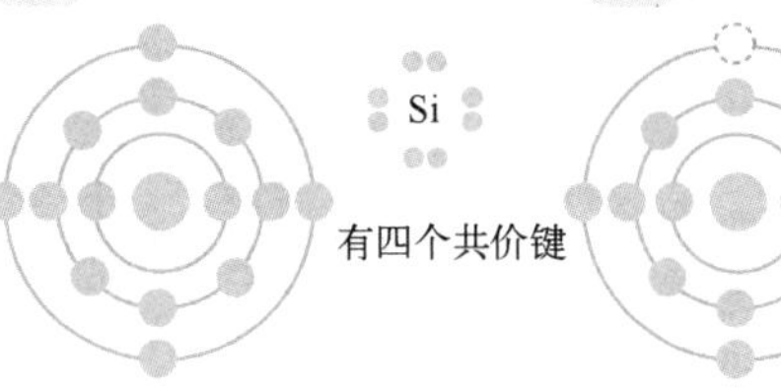

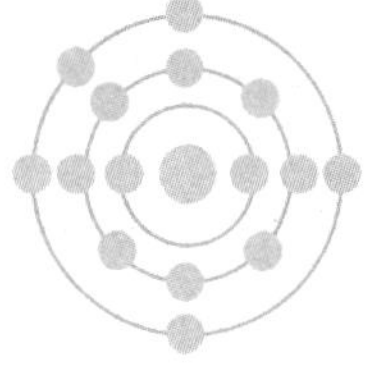

杂质原子的作用

在第 1 章中，我们讨论了容易导电的导体和不导电的绝缘体，半导体具有介于两者之间的特性，而本征半导体[⊖]的导电特性也非常差。杂质的作用就是使其易于导电。

n 型中多一个电子，p 型中少一个电子，负责这个任务。

此外，杂质（日语称为不纯物）是英语 Impurity 的翻译，“不纯物”本来是一个坏形象，但在此处却居功至伟，反而是一个好形象。我觉得语言也是复杂且有趣的。

4-5 各种热处理工艺

离子注入后的硅晶体的晶格被打乱了，需要将其恢复，并将注入的杂质原子排列在晶格点上。晶格恢复的热处理工艺有各种各样的手法，在此对其进行介绍。

恢复晶格的方法

当离子被注入单晶硅中时，硅晶格就会受到离子的冲击而变得混乱。另外，注入的离

⊖ 本征半导体：是指没有人为添加杂质的半导体。

子也并没有替换硅。如图 4-5-1 所示，晶体的恢复需要硅原子和杂质原子在热的作用下，在单晶硅内移动，并落在硅的晶格点上，这被称为固相扩散。以上过程需要使硅晶圆温度上升，这就是热处理。

晶格恢复的示意图（图 4-5-1）

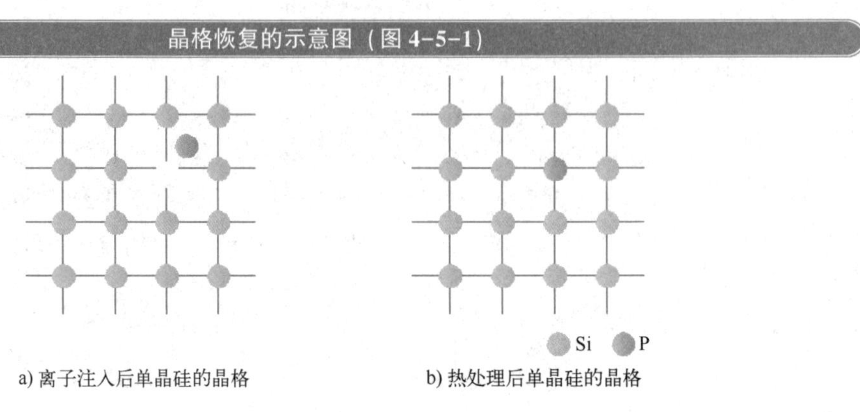

a) 离子注入后单晶硅的晶格　　b) 热处理后单晶硅的晶格

用什么方法进行热处理？

大体上可以分为三种方法，第一种是加热整个晶圆的批量式炉心管，第二种是单片式 RTA㊀，第三种是只加热注入杂质的硅表面的激光退火。这里对加热整个晶圆的炉心管方式和 RTA 进行比较，关于激光退火将在下一节进行说明。分别如图 4-5-2 所示，炉心管方式与第 7 章成膜工艺中出现的热壁型的热 CVD㊁装置的构造相同。当然，由于不需要生成薄膜，所以无须使用生成薄膜的原料气体，而是使用氮气或惰性气体作为气氛气体。RTA 使用的是发出红外线（800 nm 以上的波长）的灯（卤素灯等）。由于硅容易吸收红外线，其优点是整个晶圆都能吸收红外线，温度上升很快。因此被命名为 Rapid。炉心管虽然可以一次处理大量的晶圆，但是因为不能一下子使晶圆高温，所以一次处理需要几个小时。与之相对，RTA 只需 10 秒左右的时间就能加热，处理一片晶圆包括升降温在内的时间也就 1 分钟左右，所以最近 RTA 已经成为主流。

㊀ RTA：Rapid Thermal Annealing 的缩写。从广义上讲，它有时被称为 RTP（Rapid Thermal Process）。
㊁ CVD：Chemical Vapor Deposition 的缩写。

热处理设备概念图（图 4-5-2）

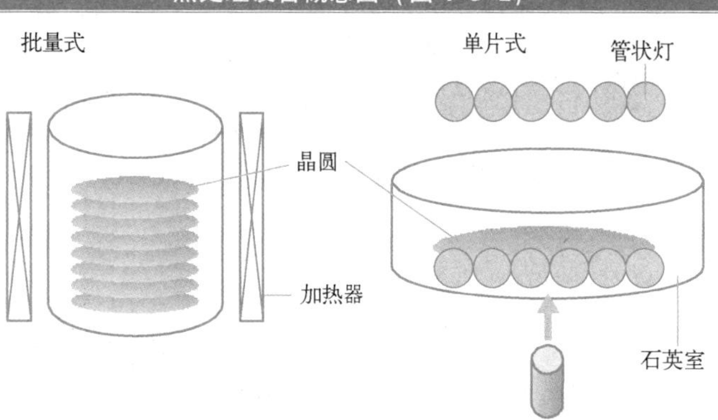

a) 炉心管　　b) RTA方式

4-6 最新的激光退火工艺

接下来，我们将介绍上一节中提到的热处理工艺中最新的激光工艺技术。该技术不仅用于硅半导体，还可用于各种各样的应用。

什么是激光退火设备？

图 4-6-1 表示了激光退火的概要。激光光源使用紫外线（400 nm 以下的光），该工艺正在不断实用化，并在 TFT+㊀工艺中有部分应用，具体是用紫外线激光器进行非晶硅的激光结晶。准分子激光（例如 XeCl：308 nm）是紫外线激光器的主流，它是使用稀有气体和卤化物气体的气体激光器，但最近 YAG 激光器等固体激光器也引起了关注。作为参考，蓝光刻录机使用波长为 405 nm 的蓝色激光器，但输出功率很小。如图 4-6-1 所示，准分子激光器使用光学系统聚焦光束，并使用光束谐振器对光束进行整形，使能量均匀，然后照射到晶圆上，通常还要扫描晶圆。此方法与非晶硅激光结晶中使用的方法相同。

㊀ TFT：Thin Film Transistor 的缩写，也被称为薄膜晶体管。TFT 的作用类似于驱动 LCD 液晶屏的开关。

激光退火的示意图（图 4-6-1）

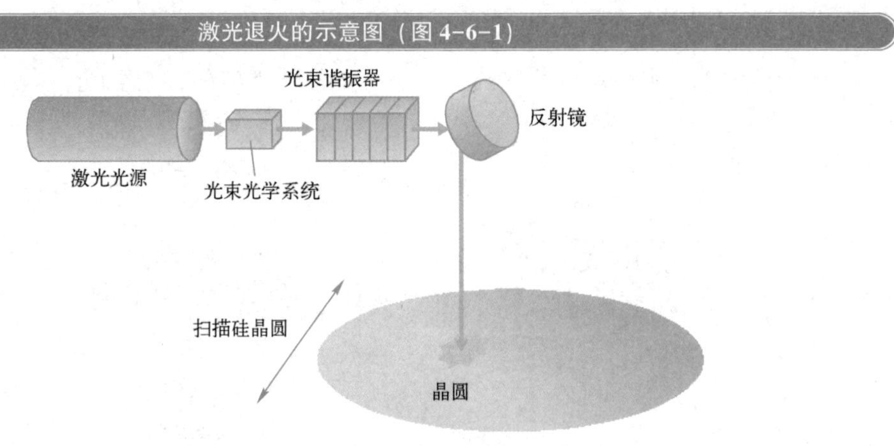

激光退火和 RTA 之间的区别是什么？

与上述不同，RTA 使用前面介绍过的红外光（波长超过 800 nm）。由于硅容易吸收红外线，其优点是整个晶圆吸收得更快，温度上升也很快。另外，由于光源使用的是灯，所以可以使用多个灯均匀地照射晶圆，这也是其优点之一。与之相对，激光退火的光束尺寸有限制，无论如何都要在晶圆上扫描。在吞吐量方面，与 RTA 相比处于劣势。但是，紫外线激光器只能被硅的最表面吸收。因此，只有最表面熔融，再结晶化，可以制作陡峭的杂质分布曲线（Profile）。被认为适合未来微细化将采用的极浅结。两者的比较如图 4-6-2 所示。关于杂质的分布曲线将在下一节叙述。

激光退火和 RTA 之间的差异（图 4-6-2）

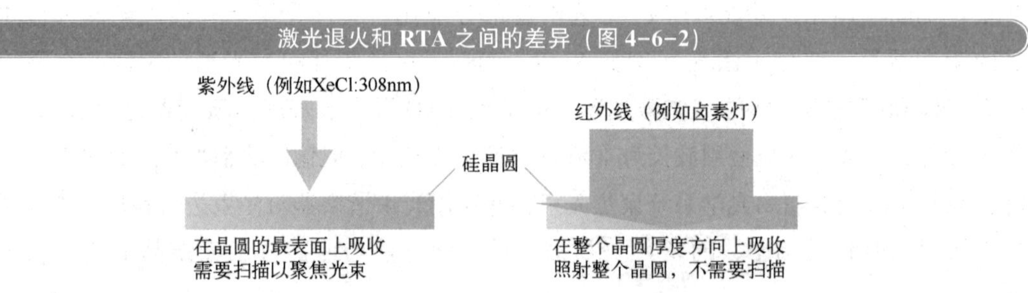

顺便说一下，在 TFT 这个场合，激光结晶尚未投入实际使用，因为即使使用非晶硅，也可以毫无问题地满足 LCD 面板的需求。另一方面，我认为把激光退火实际应用到硅半导体中将非常有趣。

4-7 LSI 制造和热预算

由于 LSI 使用各种材料，尤其是布线材料，因此，在杂质区域形成后，如果盲目地提高温度，杂质的分布曲线（Profile）也有坍塌的问题，这和做菜时需要注意火候和温度有相似之处。

什么是杂质的分布曲线?

离子注入产生的扩散层，是通过适当控制离子注入和热处理的条件来决定其深度的。特别是晶体管源漏的扩散层深度（也称结深㊀），它是决定晶体管性能的重要参数，其遵循比例缩小定律。因此，需要避免扩散层的深度因随后的温度负荷而发生变化（称为再扩散）。从图 4-7-1 可以看出，在后续的热处理工艺中，杂质的分布曲线坍塌，扩散层的深度发生了变化，表明晶体管性能无法达到设计要求。因此，前段制程中的热处理与其他工艺的配合必须非常小心。

扩散层的分布曲线的重要性（图 4-7-1）

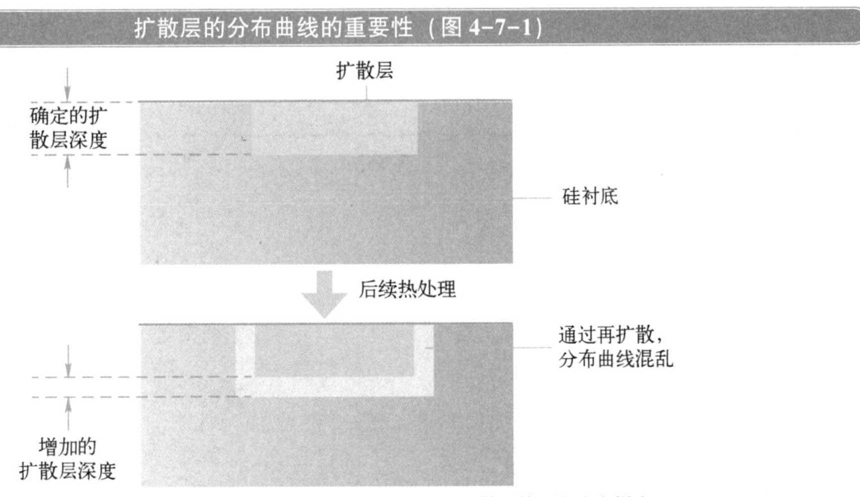

注）由于扩散也沿横向进行，因此扩散层的面积也会增大。

半导体材料的耐热性和热预算

如上所述，前段制程的热处理要有适度的设计值，如果超过该值，杂质的分布曲线就

㊀ 结深：参见图 2-1-1，它是比例缩小定律的参数之一。

会坍塌。换句话说，不能施加高于特定值的温度负荷。材料也是如此，LSI 中使用了各种材料。特别是在后端，随着 LSI 的发展，布线材料和层间绝缘膜材料也有所增多。例如铝的熔点在 500℃左右，所以使用铝线的后端工艺必须在 500℃以下（实际上应该在 400℃以下并留有余量）进行。但硅的熔点在 1000℃以上，玻璃的软化点和硅的固相扩散温度约为 800℃左右，因此，不使用布线材料的前端在 500℃以上也没有问题，我们将其总结为图 4-7-2。如上所述，在前段制程中温度管理非常重要，被称作热预算（Thermal Budget），通常是按照“温度×时间”来考虑的。Budget 在日语中被翻译成“预算”，但在这里，是裕量的意思。

LSI 的材料和热预算（图 4-7-2）

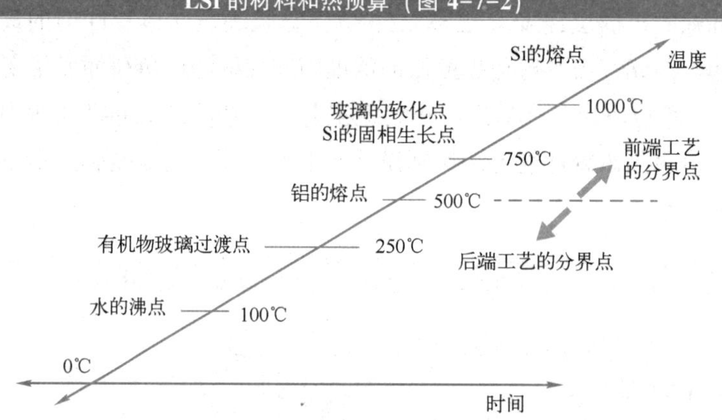

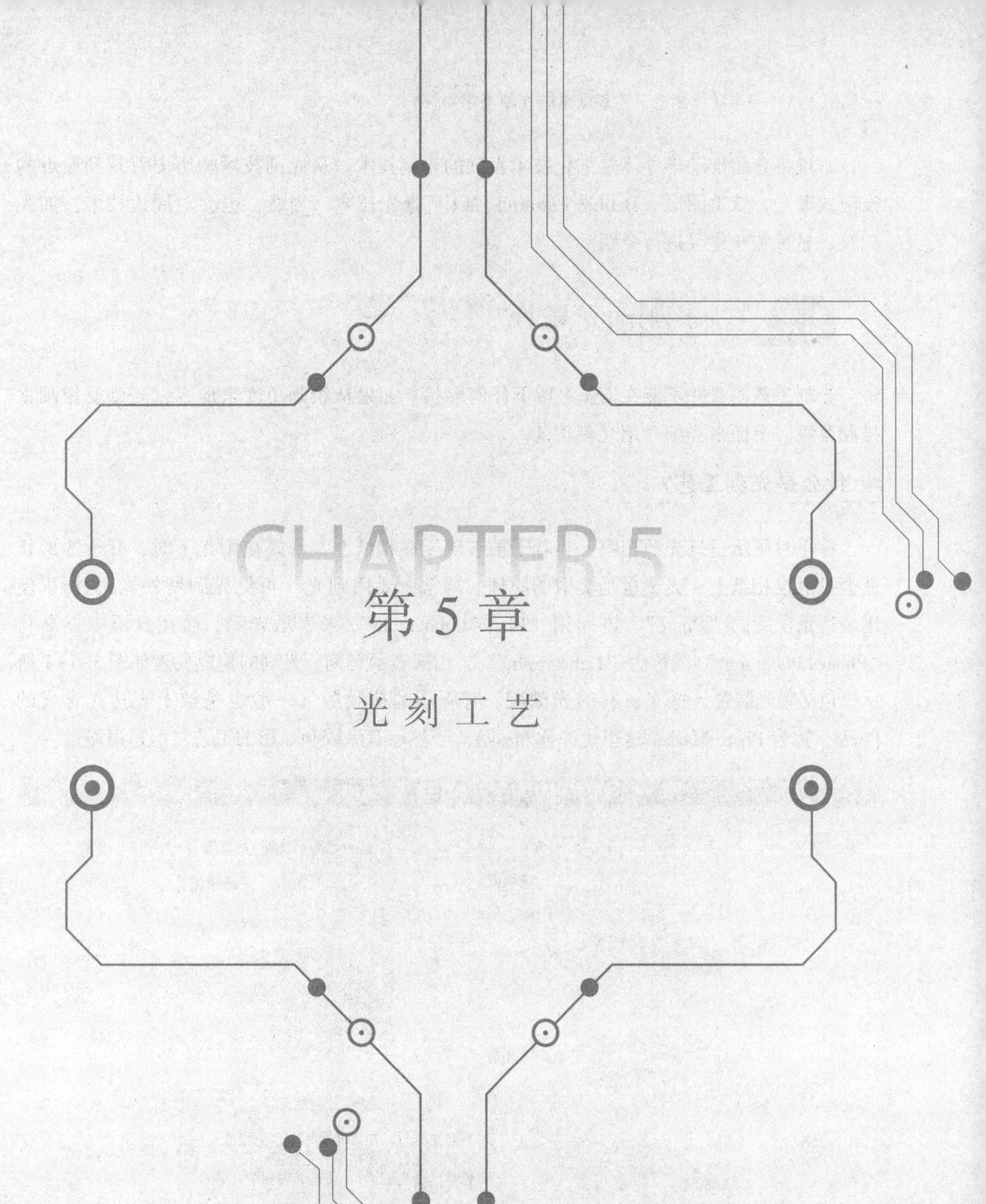

CHAPTER 5

第5章

光刻工艺

本章将介绍推动半导体微细化技术发展的光刻技术。从光刻技术的历史背景到最近的浸液式曝光、双重图形（Double Pattern）、EUV 曝光技术。当然，也会对周边技术，如光刻胶、显影和灰化等进行介绍。

5-1 复制图形的光刻工艺

光刻工艺本身并不能在 LSI 上留下任何形状。如果从绘画角度来形容，光刻就像画素描和草稿。下面来详细介绍光刻工艺。

什么是光刻工艺？

你小时候玩过日光照相吗？当叶子被玻璃压在相纸上，暴露在阳光下时，叶子的形状就会投射在相纸上。光刻也是类似的原理。通常，要用到光（可见光到紫外光），所以使用表达光含义的“Photo”，进而用“Photo Lithography”来表示光刻。而在日语中逐渐将“Photo Lithography”简称为“Lithography”[⊖]，用来表示光刻。光刻的构成要素如图 5-1-1 所示，包括曝光装置、感光材料的光刻胶、有版图的掩膜版（一般也是加上表达光含义的 Photo，称为 Photo Mask，这里也简称 Mask）。当然还有涂胶和显影的工艺，但这里略过。

日光照相与光刻的比较（图 5-1-1）

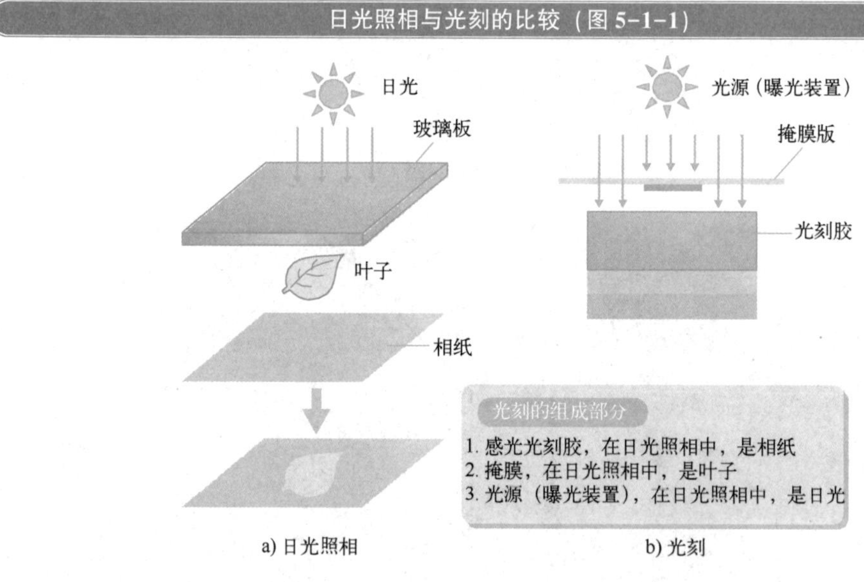

a) 日光照相　　b) 光刻

⊖ Lithography：是一种石板印刷技术。

光刻工艺流程

图 5-1-2 显示了光刻工艺的流程，其中也包含了刻蚀和灰化。与刻蚀一样，灰化以前也不是 5-8 中所述的干法工艺，而是在湿法工艺的情况下进行，因此灰化在大家的印象中成为刻蚀的后工序。此外，在一段时间里，把 Lithography 和 Etching 组合起来称为 Photo Etching，这里 Photo 是 Photo Lithography 的简称。

光刻工艺的流程（图 5-1-2）

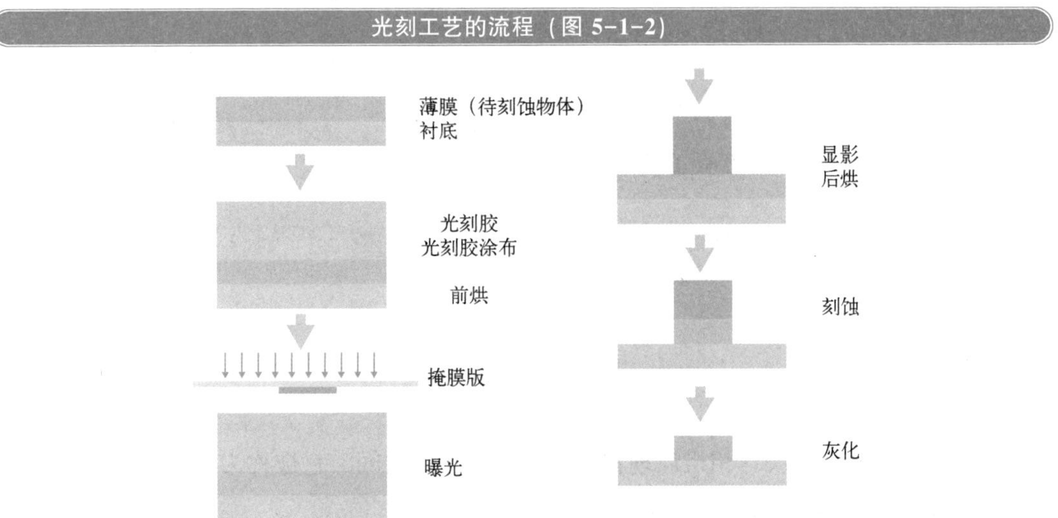

下面对工艺流程进行说明：首先，在准备刻蚀的薄膜上面涂上光刻胶，该工序使用 5-6 中描述的涂胶装置（涂胶机）。为了去除光刻胶中含有的溶剂，在 70 ~ 90℃ 的温度下进行前烘（Pre-Bake）。在曝光装置上"绘制"掩膜图形，曝光装置将在 5-3 中介绍。接下来进行显影，只留下必要的光刻胶。之后，为了完全去除显影液和清洗液成分，增强与刻蚀物的附着性，在 100℃ 左右进行后烘（Post-Bake）。有时候，前烘被称为软烘，后烘被称为硬烘。

这是系列化的光刻流程。如上所述，光刻只是创建光刻胶的图形。从这个意义上来说，光刻与草图或素描相当，刻蚀和灰化是实际绘画的过程。这两个工艺将分别在其他地方进行说明。

光刻是减法工艺

以光刻为代表的半导体工艺经常被比喻为"减法工艺"。在整个晶圆上涂上光刻胶后，通过曝光、显影去除不需要的部分，因此将其比作“减法”。与此相对，仅在需要的地方形成图形的工艺（如喷墨法）被称为“加法”工艺。两者各有优缺点，如图 5-1-3 所示。现行的光刻工艺更加适合大规模量产，被广泛应用到半导体工艺中。

减法工艺和加法工艺（图 5-1-3）

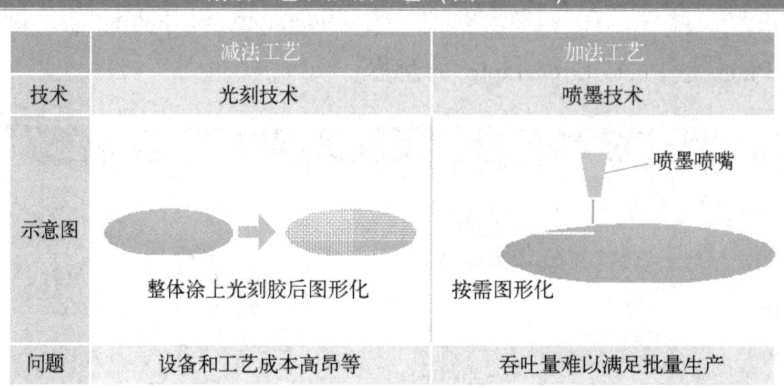

	减法工艺	加法工艺
技术	光刻技术	喷墨技术
示意图	整体涂上光刻胶后图形化	喷墨喷嘴 按需图形化
问题	设备和工艺成本高昂等	吞吐量难以满足批量生产

5-2 光刻工艺的本质就是照相

光刻工艺的原理与胶片相机原理相似。曾经有一段时间，它被称为“摄影工艺”。

与日光照相相同的接触式曝光

如前一节所述，将光刻与日光照相比较就很容易理解了。照片称为冲印照片，有和底片大小相同冲印的，也有在相纸上放大冲印的。光刻也是同样的，有等倍复印的接触式曝光法，也有和照片相反，缩小复印的投影式曝光法。

接触式曝光如图 5-2-1 所示，是一种将掩膜版⊖直接和涂有光刻胶的晶圆接触进行曝光的方法，是和日光照相相同的方式。这种方法的优点是曝光设备的光学系统简单、价格低廉。缺点是掩膜版要和涂有光刻胶的硅片直接接触，晶圆上的灰尘粘到掩膜版以及硅片上的凸起划伤掩膜版的问题时有发生。另外，接触式曝光需要掩膜版覆盖晶圆的全部区域，形成光刻图形。而且掩膜版的最小尺寸必须和晶圆上的最小尺寸用同样的技术制作。将掩膜与晶片接触后，设置预定间隙（图中称为窄间隙）的方法被称为接近式曝光法，本质上与接触式曝光没有区别。

⊖ 掩膜版：在缩小投影法中，多数情况下称为 Mask，也称为 Reticle。

接触式曝光的概要（图 5-2-1）

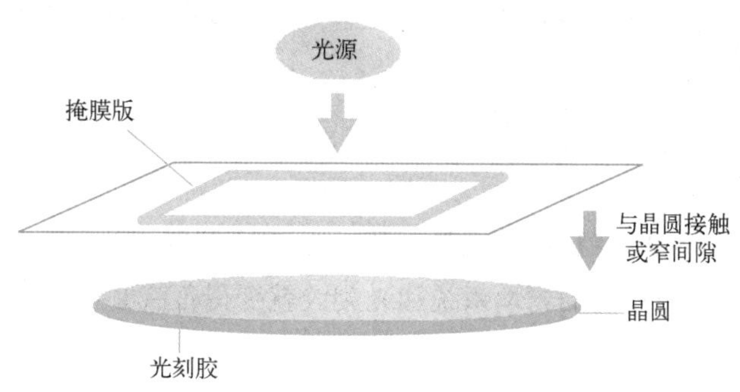

缩小投影的好处

为了解决上述接触曝光问题，已经实用化的是缩小[㊀]投影曝光方法。如图 5-2-2 所示，使用光学系统将掩膜版图案缩小复制到晶圆上，因此不会发生灰尘黏附或刮伤掩膜版的问题。此外，由于光刻图形通常缩小到 1/4 或 1/5，因此掩膜版的最小尺寸可以比光刻胶上的最小尺寸大几倍。但是，为了缩小曝光图形，它不能像接触曝光方法一样在晶圆上一次曝光，实际应采取晶圆和掩膜版相对运动，将图形复制到整个晶圆上的方法。对于掩膜版和晶圆的相对运动，有步进、重复曝光方法，还有扫描整个晶圆的扫描曝光方法，目前后者是主流。

缩小投影曝光装置概览（图 5-2-2）

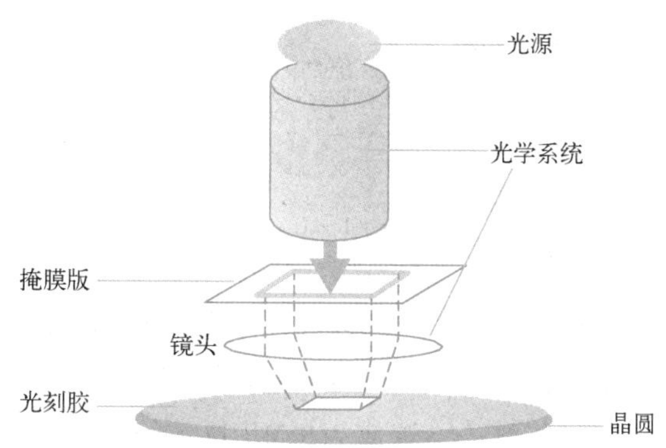

㊀ 缩小：早期阶段，1/10 情况是多数。

此外，还有一种称为电子束（EB[㊀]）的直接曝光复制方法，该方法将图形转换为数据，并使用电子束曝光设备直接复制到光刻胶上，因为没有应用于量产，此处省略。

5-3 推动微细化的曝光技术的演变

为了推进微细化，光的波长需要变短，这就像用更细的画笔绘制一幅精密的画一样。为了适应这个需求，开发相应的光学系统和光刻胶就变得很有必要了。

分辨率和焦深

在谈论光刻的微细化时，我们首先需要了解分辨率的概念。分辨率也成为日常使用的打印机和数码相机的规格，换句话说就是能再现多大的最小尺寸。

光刻工艺中使用的波长范围内的分辨率，光学上的表示如图5-3-1所示，称为瑞利（Rayleigh）公式。为了提高分辨率，缩短曝光波长以及提高镜头系统的NA是必要的。其他方面，降低k系数也很重要，k系数是源于光刻工艺的参数，从光刻胶开始，在周围参数的共同作用下，可以使其变小。

光刻分辨率和对焦深度（图5-3-1）

分辨率：$R=k\dfrac{\lambda}{NA}$（瑞利公式）

λ：曝光波长
NA：镜头光圈（NA：Numerical Aperture）
k：取决于工艺参数（因子）
为了提高分辨率
1）λ短波长→光源
2）NA增大→镜头系统的改进
3）k因子改进→光刻胶改进和其他超分辨率技术

焦深：$DOF=k\dfrac{\lambda}{(NA)^2}$ → 为了提高分辨率应减小λ，NA增大时，焦深变小

注）DOF：Depth of Focus

有必要讨论焦深问题。可以看成是对焦的深度，焦深较大时，在焦深范围内，即使晶圆表面有台阶，在台阶上下转移图形也不会有差异；但如果焦深很小，则存在问题。如公式所示，提高分辨率时，焦深将减小。这成为CMP技术的兴起原因，第8章将对此进行讨论。

㊀ EB：电子束（Electron Beam）的缩写。

光源和曝光设备的历史

为了提高分辨率，曝光波长变短是必要的。分辨率的提高依赖于光源的开发（以及光刻胶的开发）和光学系统的开发。关于光刻胶将在 5-5 中讨论。在这里将介绍曝光光源的历史。如图 5-3-2 所示，在 1 μm 到亚微米之间，高压汞灯的 G 线（G-Line）被使用。半微米到亚半微米，同一高压水银灯的 I 线（I-Line）被使用。

曝光光源的历史（图 5-3-2）

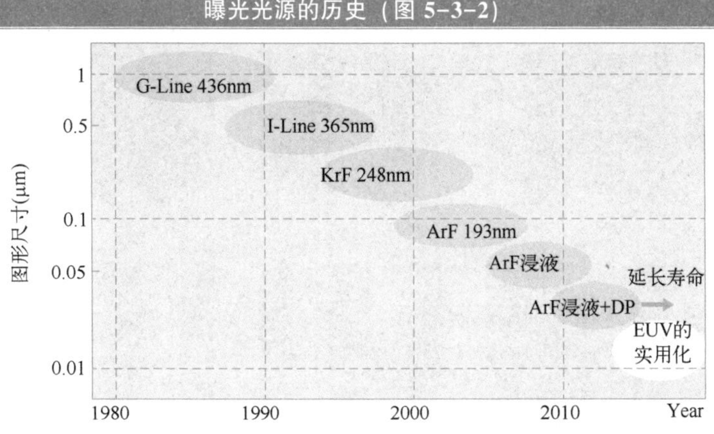

之后，0.35 μm 和 0.25 μm 以下使用 KrF 准分子激光的 246 nm 光源，从 0.1 μm 以下的 90 nm 节点开始使用 ArF 准分子激光器的 193 nm 光源，而且现在已经进入了 ArF 浸液和双重图形的时代，这些会在后面进行介绍。

需要注意的是，从 KrF 时代开始就使用曝光图形尺寸比波长短的模式，这是由于超分辨率技术[⊖]的进步。

5-4 掩膜版和防尘薄膜

光线照射到光刻胶上的过程称为曝光，但为了使半导体器件能够工作，需要用掩膜版来转移图形。

什么是掩膜版？

如前所述，光刻是将掩膜版上的图形精确地转移到光刻胶上，所以如果掩膜版有缺

⊖ 超分辨率技术：下一页的相移掩膜和 OPC 是典型的示例。

陷，也会全部转移到光刻胶上。如图 5-4-1 所示，掩膜版是在透光的石英基板上用铬（Cr）作为遮光材料，形成一定的图形。如图所示，如果铬膜有缺陷、划痕、灰尘或颗粒，都会导致图形缺陷，降低半导体器件的成品率。掩膜版的制造、检查和管理是前段制程生产线上的重要课题。此外，随着微细化的发展，相移掩膜㊀和 OPC㊁等掩膜版的结构也变得越来越复杂。

掩膜版和良品率的关系（图 5-4-1）

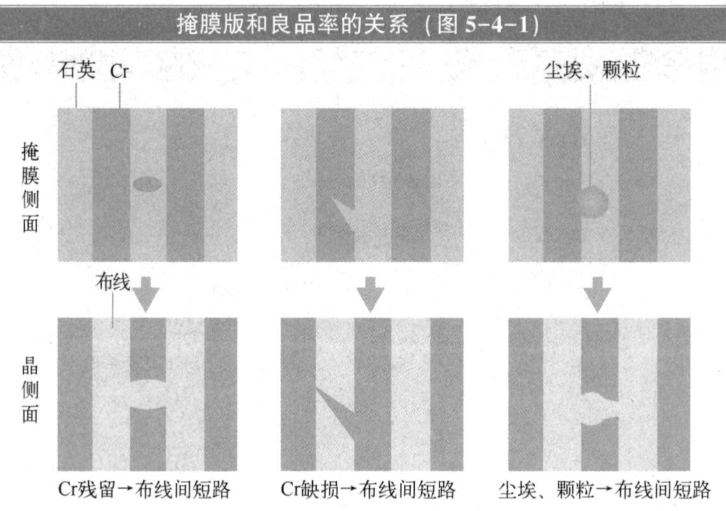

从这个意义上来说，掩膜版的制作和管理非常重要。一般情况下，掩膜版制作外包给专业厂家。

什么是防尘薄膜？

防尘薄膜这个词大家听起来可能有点陌生，它是防止光学掩膜版上的颗粒造成图形缺陷的薄膜。如图 5-4-2 所示，在掩膜版上几 mm 的位置，在边框上粘一层薄薄的透明薄膜，这样即使有颗粒，在防尘薄膜的上边也没有关系。因为掩膜版和防尘薄膜是分开的，对焦点不在颗粒上，也就不会转移到光刻胶上了。防尘薄膜在缩小投影曝光方法的光刻过程中非常有用。

㊀ 相移掩膜：掩膜采用特殊工艺，将曝光光源的相位反转 180°，以提高分辨率。

㊁ OPC：Optical Proximity Effect Correction 的缩写。光学邻近效应校正。在掩膜上形成用于校正图形的辅助图案，以抑制光的接近效果并提高分辨率。

掩膜版和防尘薄膜的关系（图 5-4-2）

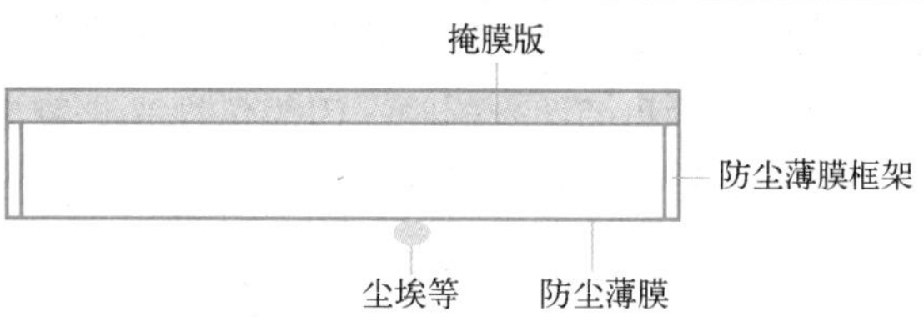

套刻

在掩膜版上制作用于形成半导体器件的特定图形。如第 1 章所述，在前段制程中一遍一遍地重复形成各种图形，复杂的半导体器件最终形成。制造半导体器件需要数十个掩膜版，一张掩膜版形成的图形称为层，这就如同版画，是一张纸上由很多画重叠构成。所以曝光装置的套刻功能非常重要，特别是在量产生产线上使用各种各样的曝光设备。即使设备发生变化，也要求有良好的套刻精度，这称为混合光刻技术。因此，在图 5-3-2 中出现的最先进的 ArF 浸液曝光设备，并不是所有的层都要用到它，简单图形的层现在仍然在使用 i 线曝光设备。

5-5 相当于相纸的光刻胶

要将掩模版上的图形转移到晶圆，就要对晶圆上涂布的光刻胶进行曝光，完成图形的“复印”，光刻胶相当于照相用的相纸。

光刻胶种类

我想很多人可能听说过，老旧的金属机身相机（银盐照片）中有底片、正片等词语。在光刻中所用的光刻胶也存在负性、正性。如图 5-5-1 所示，负性光刻胶在光照射到的地方会留下图形，而正性光刻胶在光照射不到的地方会留下图形。因此，同一掩膜版，使用负性光刻胶和正性光刻胶得到的图形是截然相反的。

感光机理

负性光刻胶和正性光刻胶感光机理完全不同，负性光刻胶由感光材料+聚合物组成，光照射后进一步聚合，不溶于作为显影液的有机溶剂，也就是说，光照射区域保留图形。正性光刻胶的化学反应如图 5-5-2 所示，感光材料是重氮萘醌（Naphthoquinone Diazide），并与酚醛树脂结合而成（图中省略了树脂），用光照射的话，氮气就会脱离，变成图中间的酮结构，用碱性水溶液显影就会变成水溶性的羧酸，然后被去除。也就是说，没有被光照射的区域会留下图形。比较负性和正性光刻胶，因为负性光刻胶发生的是聚合反应，在分辨率方面处于劣势，因此先进工艺中更常用的是正性光刻胶。

光刻胶种类（图 5-5-1）

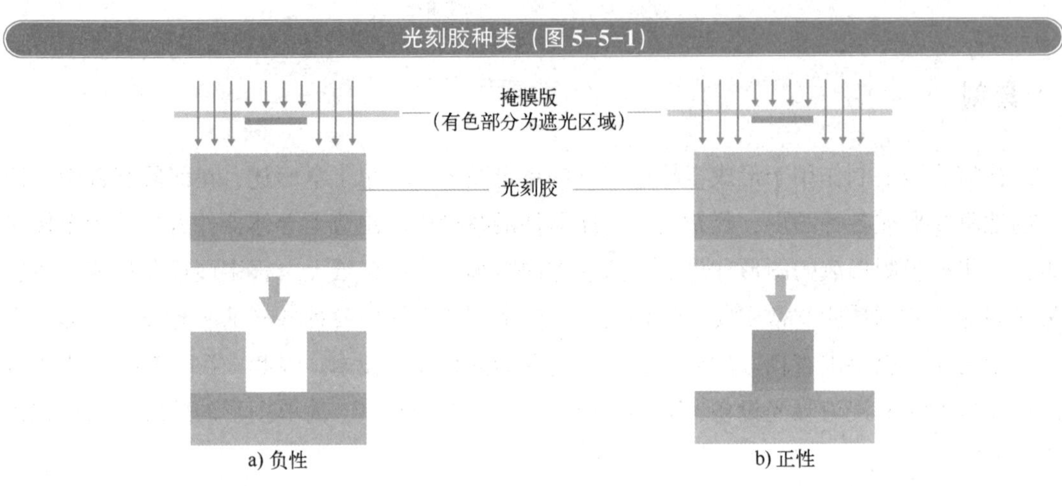

正性光刻胶的化学反应（图 5-5-2）

重氮醌
羧酸
O
N
SO_2OR
曝光
$-N_2$
酮结构
O
C
SO_2OR
显影
H_2O
COOH
SO_2OR

这些光刻胶通常使用单层。在开发阶段也有为了提高分辨率而使用多层光刻胶的时期，但是现在不怎么用，在此省略。

什么是化学放大光刻胶？

最后介绍一下化学放大光刻胶。如图 5-5-3 所示，对于化学放大光刻胶来说，光致酸产生剂（PAG㊀）通过曝光产生酸（图中用 H^+表示），并使基础树脂 PHS 不溶性的溶解抑制剂（t-BOC）发生了化学变化，使基础树脂成为碱可溶性物质，同时分解产生的酸在 PEB㊁时进一步发生连锁反应。化学放大光刻胶具有灵敏度高的优点，在先进的光刻技术中被广泛使用。

图 5-5-3 是 KrF 用化学放大光刻胶的化学反应示意图。在此作为主体树脂的 PHS 中添加了称为 t-BOC 的溶解抑制剂。

对于 ArF 来说，PHS 对 193 nm 波长的光具有很强的吸收性。因为苯环类树脂透光性很低，所以使用与苯环类不同的聚丙烯酸酯类树脂，可见光刻胶的材料因所使用的光源不同而变化。如 5-3 所示，为了实现微细化，光源的短波长化不断被推进，其光源所对应的光刻胶开发也在不断推进中。

换言之，从半导体工厂的洁净室的角度来看，中短波长段的可见光能够使光刻胶感光，因此光刻区域与普通洁净室是隔离开的，采用不会使光刻胶感光的照明光源。因为肉眼看起来是黄色的，工作时称为黄光室或黄光区。此外，曝光设备不能有振动，因此防振要求非常严格。

化学放大光刻胶的化学反应（图 5-5-3）

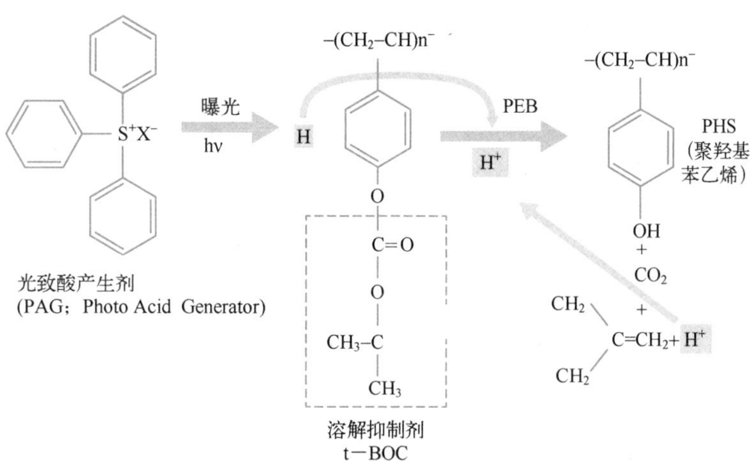

注）t-BOC：叔丁氧羰基；PHS：聚羟基苯乙烯

㊀ PAG：Photo Acid Generator 的缩写。

㊁ PEB：Post Exposure Bake 的缩写。曝光后烘烤以改善光刻胶形状。

5-6 涂布光刻胶膜的涂胶机

如何在晶圆上形成光刻胶膜？本节将介绍和成膜工艺中涂布工序类似的旋转涂胶方法。

光刻胶涂布工艺

光刻胶需要在晶圆上形成均匀厚度的一层薄膜，到底是如何形成的？实际上使用的是对晶圆一片一片进行处理的单片式设备。具体来说，如图 5-6-1 所示，使用旋转涂胶机（旋转涂布设备）将晶圆用真空吸盘固定，表面向上，再滴入一定量的光刻胶，然后高速旋转晶圆，直至薄膜厚度均匀。根据转速和光刻胶黏度可以调整光刻胶薄膜厚度，当然，转速越高，薄膜厚度越薄，光刻胶黏度越高，薄膜厚度越厚。具体也请参阅 7-8 所述。

旋转涂胶机的示意图（图 5-6-1）

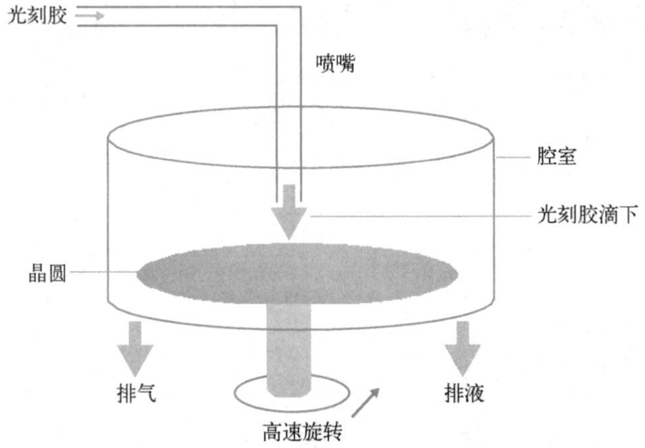

采用这种方法，旋转时大多数光刻胶被甩掉，非常浪费。因此，曾经有一段时间，探索用气体作为材料，以等离子体聚合等方法形成光刻胶膜，但由于旋转涂布方法处理能力强、工艺简单，该方法越发成熟，成为首选。

光刻胶涂布的实际情况

由于光刻胶在空气中放置会干燥并变成固体，因此在晶圆上涂胶前，要从喷嘴中丢弃少量光刻胶，保证一直能滴落新鲜的光刻胶。

在晶圆上均匀地涂上光刻胶膜是必要的，晶圆边缘会出现膜稍微变厚的部分，称为边缘堆积。为了减少这种情况，要进行边缘冲洗，还要设置背面冲洗功能，以防止光刻胶倒流到晶圆背面，以上情况如图5-6-2所示。这些冲洗功能在图5-6-1中由于画图原因未列出，实际设备是安装了的。

边缘冲洗和背面冲洗（图5-6-2）

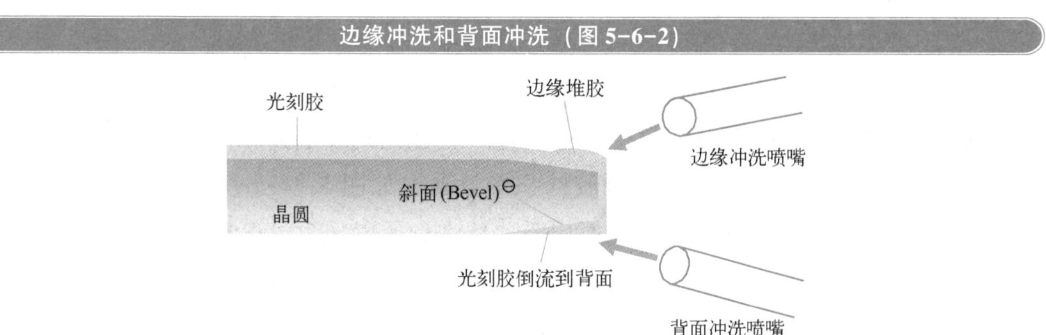

晶圆表面一般亲水性高，特别是正性光刻胶有时无法很好地涂布。此时，为了使晶圆表面具有疏水性，用一种名为HMDS（六甲基二硅氮烷）的有机溶剂进行处理。

涂布光刻胶后，要进行预烘焙处理（也称为软烘）来除去溶剂，所以进行热处理的烘焙系统（如热板）与旋转涂胶机在生产线上都是按照连续化（In-Line）布置。

5-7 曝光后必需的显影工艺

光刻胶曝光后，去除不需要的部分并留下所需部分的方法称为显影。显影机理与照相略有不同。

显影机理

显影一词也用于金属机身相机（银盐照片），在光刻工艺中其含义略有不同。银盐照片使用卤化银作为感光材料，通过曝光卤化银晶体聚结形成团块，然后在显影过程中将卤化银晶体还原为银颗粒，形成影像。因此，在使用卤化银的银盐照片中，由于最初曝光形成的晶体非常小，称为“潜影”。相比之下，在光刻工艺中，负性光刻

㊀ Bevel：“斜”的意思。在机械工程学领域，常用Bevel Gear，意思是锥齿轮。晶圆的这个部分做得很粗糙。

胶被光照射，发生聚合反应的部分已经是图像；而正性光刻胶的情况，被光照射的部分是水溶性的，没有被光照射的地方不需要通过显影进行放大处理，就会留下图形。由于曝光就能够产生可见的图形，因此称为“显影”。光刻时，负性光刻胶的情况下，显影是去除没有发生光聚合反应的部分，正性光刻胶的情况下，显影是溶解被光照射的部分。

实际的显影工艺和设备

负性光刻胶显影液主要使用二甲苯、乙酸丁酯，正性光刻胶显影液主要使用氢氧化铵。总之，显影也是一种湿法工艺。如上所述，正性光刻胶是微细化工艺的首选，因此先进半导体代工厂使用的是正性光刻胶的显影设备。如图 5-7-1 所示，实际上显影设备类似于旋转涂胶机。但是，因为显影后需要冲洗，所以显影设备装有显影液和冲洗液喷嘴。

此外，在 5-6 中也已提到过，显影设备不是独立存在的，涂胶机、曝光机、显影设备需要系统化布置。因为工艺流程也按照这个顺序进行，所以也称为连续化（In-Line）。

显影设备示意图（图 5-7-1）

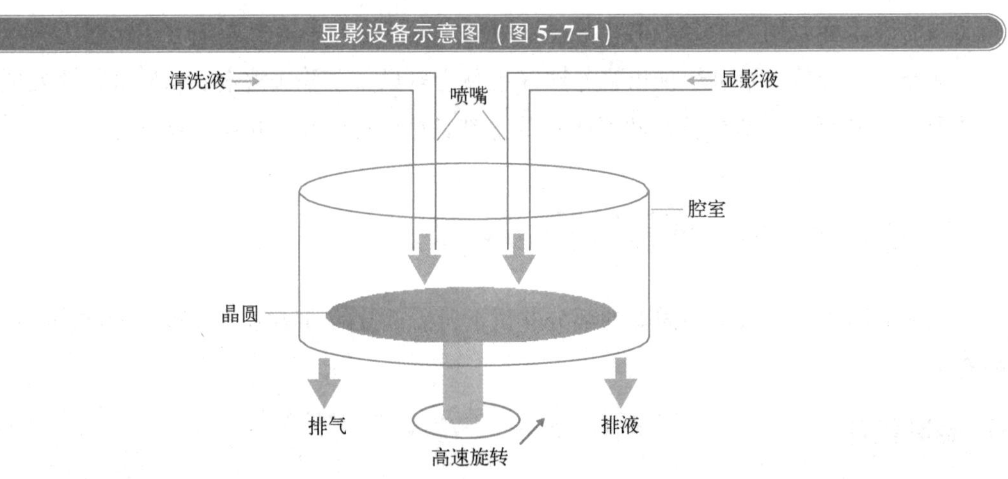

通常是从涂胶机进入曝光机，再返回显影设备的一个系统。涂胶之前的晶圆和从显影设备流出的晶圆都是干燥状态的，和清洗一样称为干进干出（Dry-In-Dry-Out）。此外，为了充分利用洁净室空间，如图 5-7-2c 所示进行房间布局。通常，光刻胶涂布设备称为涂胶机，显影设备称为显影机，简称为涂胶显影（缩写为 C/D）。

显影设备的连续化（In-Line）（图 5-7-2）

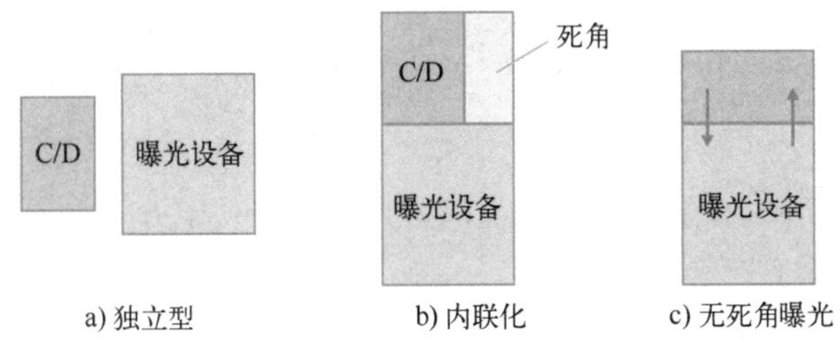

a) 独立型　b) 内联化　c) 无死角曝光

5-8 去除不要的光刻胶灰化工艺

刻蚀是以显影留下的光刻胶为掩膜，刻蚀完成后，光刻胶就不需要了，因此通过灰化工艺将其去除。

灰化工艺的机理

以前，刻蚀后的光刻胶去除是湿法完成的，在当时，湿法是刻蚀主流，但是湿法不能去除刻蚀中发生变质的光刻胶，于是后来，干法刻蚀成为主流。湿法刻蚀不仅损坏的光刻胶很难完全去除，同时还有废液处理等问题，干法刻蚀去除光刻胶就成为趋势。从 20 世纪 70 年代末开始，在干法工艺中采用灰化（Ashing）来去除光刻胶。“灰化”正如文字本身的含义，就是把有机物的光刻胶用氧气燃烧成“灰”的意思。

灰化工艺和设备

灰化工艺是产生氧等离子体，等离子中的氧自由基使光刻胶的有机成分燃烧，如图 5-8-1 所示。灰化所使用的设备构成在刻蚀章节中略有介绍，就是真空腔中通入氧气，产生等离子体的设备。作为一个例子，图 5-8-2 展示了微波类型灰化设备，这种设备是通过施加微波产生等离子体，与刻蚀章节中所介绍的平行平板类型不同，其优点是无须在等离子体生成腔室中安装电极。当然，也有平行板式灰化设备。与其他设备相比，灰化设备在更新换代方面比较迟缓，可能是因为用氧等离子体去除光刻胶的工艺简单。

什么是灰化？（图 5-8-1）

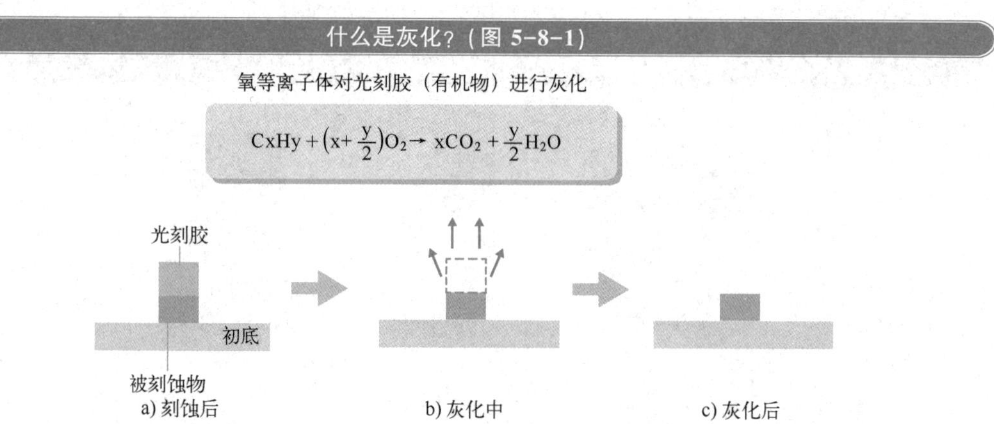

灰化设备示例（微波类型）（图 5-8-2）

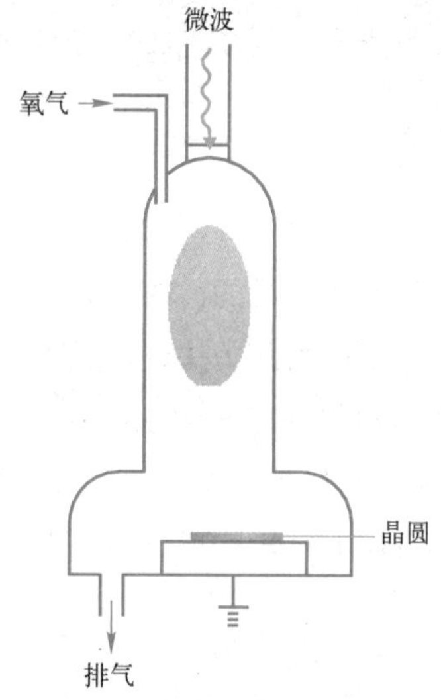

5-9 浸液曝光技术现状

先进半导体的最小图形尺寸仅为几十 nm，这些微细图形的形成需要浸液曝光技术。

为什么要使用浸液？

小时候，当你把筷子放进有水的碗里，或者把吸管放进有水的杯子里时，感觉它变弯了，这种现象曾经令你觉得不可思议。这就是光的折射现象。这是由于光在空气和水中的折射率不同，水中的折射率更大而产生的现象。

让我们再回到 5-3，我们曾经讨论过分辨率。曝光光源的波长不断变短，在 ArF（193 nm）的时候达到极限。在后 ArF 时代，开始探讨 F_2 激光（157 nm）的实际应用，由于存在透射光学系统的透镜玻璃材料等问题，使得实用化变得困难，因此，浸液技术得以实际应用。以上是浸液技术发展的背景。

浸液式曝光技术的原理与问题

如上所述，曝光光源的短波长化已经达到极限，所以浸液曝光实质上是考虑提高 NA 值。关于 NA 的介绍，请参阅 5-3，如图 5-9-1 所示，和原来的方法比较，如果晶圆和透镜之间充满纯水，光将遵循折射定律，公式表示如下。

$$\mathrm{NA}=n\sin\theta$$

波长是 193 nm 时，纯净水的折射率 n 约为 1.44，θ 的值约 70°以上的话，NA 值实际上就超过了 1。

这个想法已经在光学显微镜中投入实际应用，称为浸液显微镜，但要将其应用于精密的半导体工艺，仍然需要很大的勇气。如图 5-9-2 所示，实际的浸液曝光设备就像在普通 ArF 曝光设备上安装了一个纯水供给和回收装置。虽然存在稳定供给和回收浸没液体、晶圆表面曝光后完全干燥，以及如何防止液体中产生气泡等各种问题，浸液曝光仍然不断被引进到先进的半导体晶圆厂中。另外，根据浸没的英文 immersion，浸液的 ArF 曝光设备称为 i-ArF，传统不使用浸液的 ArF 曝光设备标记为 dry ArF（d-ArF）。

浸液曝光原理的概要（图 5-9-1）

正常曝光（d-ArF）	浸液曝光（i-ArF）
曝光波长ArF（193nm）	曝光波长ArF（193nm）
介质；空气（n=1.00）	介质；纯净水（n=1.44）
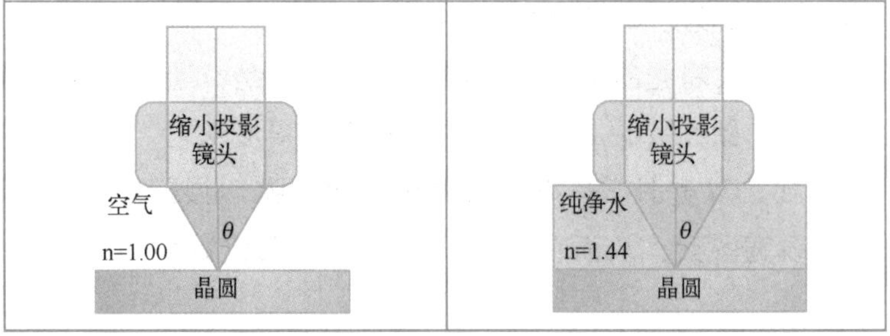 缩小投影镜头 空气 θ n=1.00 晶圆	缩小投影镜头 纯净水 θ n=1.44 晶圆

浸液曝光设备的概要（图 5-9-2）

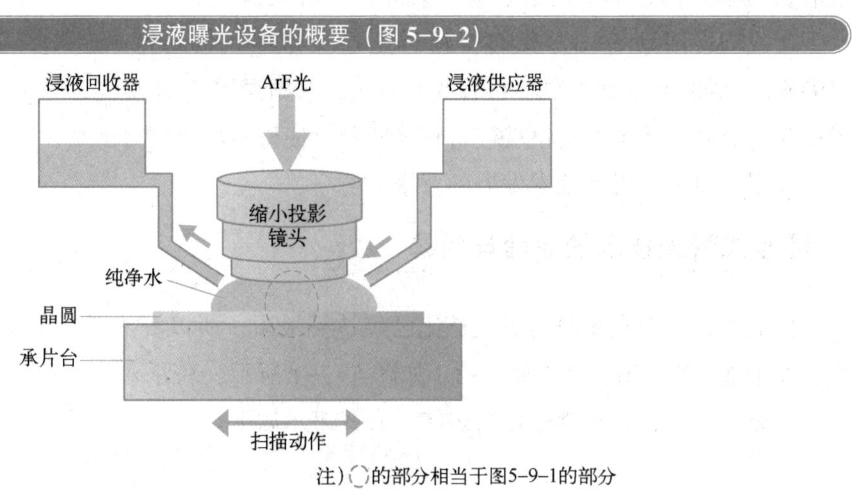

另外，比纯净水折射率高的高折射率液的开发也在进行，但热度过了一段时间便开始降温了。取而代之，似乎步入了下一节点的双重图形技术。

5-10 什么是双重图形?

在先进半导体领域，图案的微细化从未停止过。为此，开始探索浸液曝光技术也无法实现的图形的应对方案，这就是双重图形技术。

浸液的极限是什么?

如前面章节所述，为了进一步提高分辨率，探索使用比纯净水浸液具有更高折射率的液体的方法。使用折射率更高的液体，可以实质性增大 NA 值。然而实际上对微细化的要求极为迫切，于是双重图形技术率先得到了使用。

双重图形是进行两次曝光的复制微细图形，其思路是，通过两次曝光提高一次曝光所能达到的分辨率。图 5-10-1 表示了典型的双重图形工艺。与图中的传统光刻方法（图的左侧）相比，双重图形是第一次曝光在硬掩膜㊀上复制图形，第二次曝光在光刻胶上复制最小线宽图案，从而在同一间距上形成两倍数量的图形的方法。然而，

㊀ 硬掩膜：使用氧化硅或氮化硅作为硬掩膜。当然，图形由光刻和刻蚀工艺产生。在光刻胶无法耐受高温时使用。

主要问题是工艺明显变得复杂，还有线条以一定间距重复的图形才能发挥该方法的作用。

多种方法的双重图形技术

由于此方法使用两次昂贵的曝光设备，工艺成本增高，因此，一次曝光方法被提出并展开探讨。图 5-10-2 就是其中一例。这是通过使用沉积法和刻蚀法在硬掩膜上形成侧壁，获得高于曝光设备分辨率的图案，称为 SADP（自对准双重图形）。

在以往的微细化世代中，半间距（HP）45 nm 的光刻应用的是 ArF 浸液曝光，32 nm 及以下的光刻应用的是双重图形，16 nm 及以下的光刻应用的是 EUV 曝光。归根到底，有观点认为双重图形是过渡技术，还有观点认为 32 nm 以下在一段时间内是双重图形技术。很多人认为，在某种程度上，日本的半导体制造商将继续采用双重图形。但是，现状是 EUV 的实用化比当初落后，浸液 ArF 和多重图形（双重图形的进化形式）的使用寿命似乎在继续延长。第 12 章将对此再次进行探讨。

双重图形示例（1）（图 5-10-1）

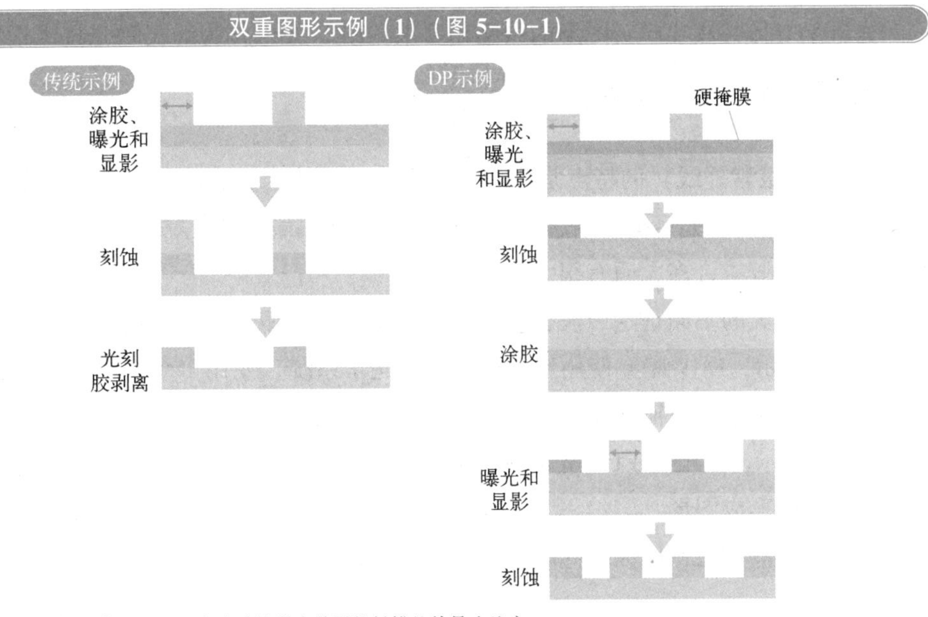

注）图中 ←→ 所示宽度为该曝光装置能够描绘的最小线宽

双重图形示例（2）（图 5-10-2）

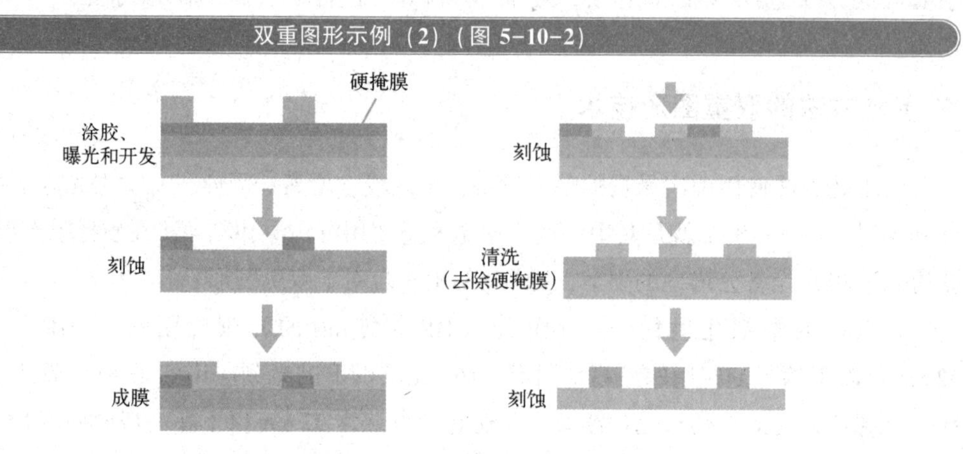

5-11 追求进一步微细化的 EUV 技术

先进半导体必然要应对图形的微细化要求，EUV 技术作为终极曝光技术正在被研发。

什么是 EUV 曝光技术？

EUV㊀（极紫外线）的特点是使用了与传统曝光技术相比波长显著缩短的光源。采用的波长为 13.5 nm，是 ArF 光源波长 193 nm 的 1/10。因此与常规方法相比，在曝光设备、掩膜版、光刻胶等许多方面有很大变化。

首先，最大的不同是这个波长范围内透射型镜头的缩小光学系统不能使用。因此，如图 5-11-1 所示，EUV 曝光使用反射镜的缩小光学系统。使用多个非球面镜的反射光学系统将 EUV 光源反射到掩膜版上，在晶圆上形成图形。掩膜版也是反射型掩膜版，如图 5-11-2 所示，由反射 EUV 光的 Si/Mo 多层膜掩膜版构成。对吸收 EUV 光的吸收剂进行刻蚀，进而形成图形。

设置刻蚀停止层，保证在此时不会刻蚀 Si/Mo 膜。

㊀ EUV：Extreme Ultra Violet 的缩写。

EUV 曝光设备的概要（图 5-11-1）

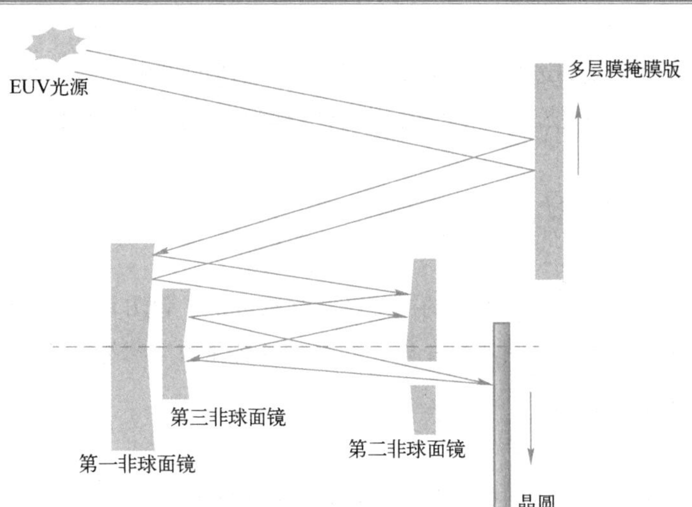

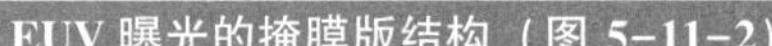

EUV 曝光的掩膜版结构（图 5-11-2）

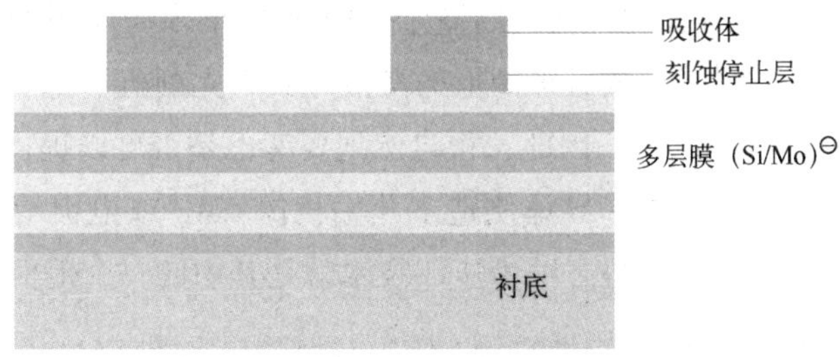

注）该图为了避免繁复，做了简略绘制，请参照脚注。

EUV 技术的挑战与展望

EUV 曝光技术在欧美是以联盟为中心进行实用化的，在日本，MIRAI、elete、EUVA 等联盟也一直在推进实用化。2011 年，成立了 EUVL 基础技术开发中心株式会社（EIDEC），致力于整合传统活动。该机构一度成为活动中心，但于 2019 年解散。事实上，EUV 曝光设备是由 ASML 等海外企业主导的。因为与以往的曝光技术完全不同，所以不仅是对曝光光源和光学系统的研发，还进行了掩膜版和光刻胶的研发。2011 年度，该公司设

⊖ 多层膜（Si/Mo）：重的元素（Mo）和轻的元素（Si）以 EUV 波长的一半厚度交替重叠 40 层以上，形成类似格子，以与 X 射线的布喇格反射相同的原理进行反射。

备被引入领先的半导体制造商和研发机构，并开始接受评估。EUV 的现状和挑战将在 12-4 中讨论。

此外，在推进微细化的进程中，5-3 和 5-9 中叙述的多少有些“强力”的方法称为自顶向下（Top-Down）的技术。与此相反的技术称为自底向上（Bottom-Up）的技术。

5-12 纳米压印技术

纳米压印是不使用光学成像系统的微细图形形成方法，该方法在半导体中应用还有很长的路要走，目前考虑应用于图形化介质。该技术的英文首字母缩写为 NIP。

什么是纳米压印技术？

经常听到纳米压印技术这个词，它与之前提到的曝光技术完全不同。纳米压印是一种将模具压在树脂上形成图案的方法，该技术类似于我们常说的压花工艺。有时我们也称其为模版（Stamper）。在后面介绍的图形介质中，更多时候称呼其为模版。用于纳米级加工的工艺称为纳米压印。图 5-12-1 显示的工艺流程可见，纳米压印用非常简单的原理进行加工。在先进半导体工艺中，形成微细图形的浸液式 ArF 光刻机价格在数 10 亿日元以上，EUV 光刻机则为 100 亿日元以上。因此，很自然地要考虑是否可以提供工艺原理简单的纳米压印低成本加工设备。在先进半导体制造工艺中，像 CMP 或电镀等不使用真空技术一样，回归简单原理的工艺成为趋势。纳米压印技术就是其中的一个范例。

纳米压印技术的基本工艺流程（图 5-12-1）

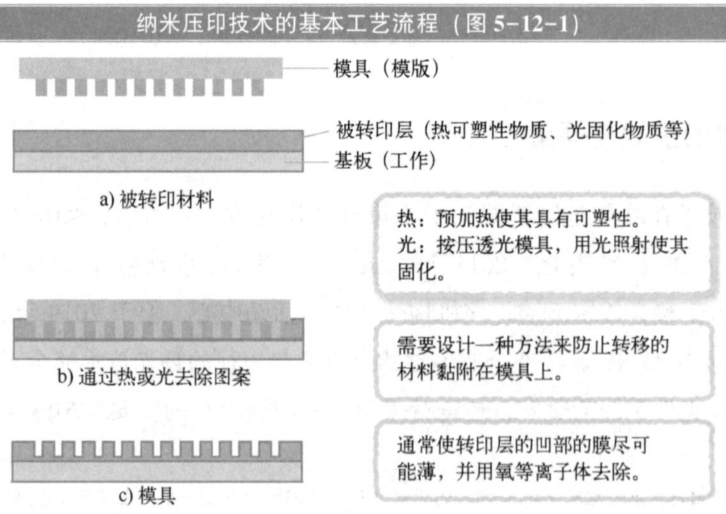

与光刻的比较

如上所述，纳米压印不是光学复制图形的工艺，而是将代替掩膜版的模具（也称模版）压在树脂等易变形聚合物材料上形成图形，因此图形转移是等倍的。如图 5-12-2 所示，与光刻相比较，模具等效于掩膜版，树脂等易变形聚合物材料相当于光刻胶，还有一个大胆的观点，压模是否相当于曝光机的光源呢？正好也类似于 5-2 中提到的接触式曝光机，接触式曝光机的掩膜版只是和光刻胶接触，而模具是要压进树脂里面。模具和树脂的剥离性是光刻中不存在的重要问题。图中没有表示，但转移层凹部的残余膜被氧等离子体去除相当于显影吧。

光刻和纳米压印的比较（图 5-12-2）

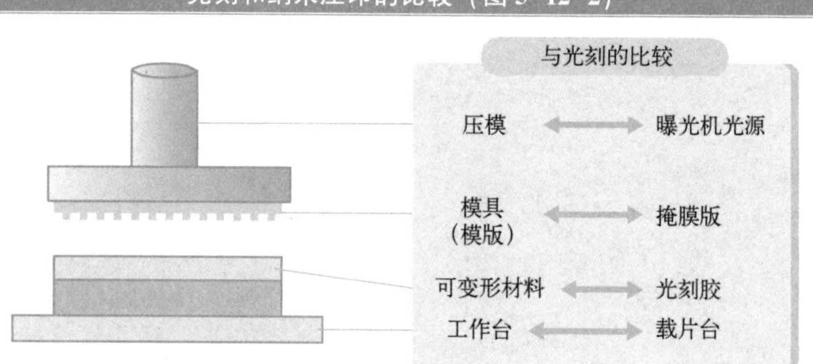

由此可见，分辨率基本上是由模具的加工精度决定的。换句话说，等倍的模具制造及其耐久性（多次与转移层进行硬接触）也是一个难题。但是，纳米压印不需要光学曝光设备，而是由机械压模取而代之。当然，需要保证压模和工作台的机械精度。

模具的耐久性一直是一个难题，模具的原版对于纳米压印非常重要。因此，需要用原版制作多个复制版，并将其用于实际工艺。顺便说一句，原版有时称为母版，复制版称为子版。

纳米压印分类

如图 5-12-1 所示，纳米压印大致分为热纳米压印和光纳米压印。前者是将转移材料通过加热使聚合物变形，并转移模具形状；后者选择用光固化材料进行图形转移，因此，模具也是透光材料，因为可以进行图案匹配，所以像半导体一样，采用将衬底和图案重叠的加工方法。

纳米压印的可能性

由于它适用于重复图形，因此有望进一步应用于已实现的光盘等图形化介质。只读光盘使用金属模具（这里称为模版）将聚焦点（Dot）转移到树脂上。虽然尺寸精度还没有达到纳米级，但对于 CD 是 2.1 μm，DVD 是 1.3 μm，下一代 DVD 蓝光光盘[⊖]大约是 0.5 μm。

对于先进半导体来说，各种图案混合在一起，组合也很重要，特别是光学系统中形成的图形与机械模块图形之间微妙的混合和匹配尚有悬念，因此，笔者认为在半导体中全面使用该技术的可能性很小，但我们有必要对其密切关注。

⊖ 蓝光光盘使用波长为 405 nm 的蓝紫色区域的激光束读取在光盘上刻录的聚焦点，与 CD 同样大小，可存储约 20 GB 的容量。

CHAPTER 6

第 6 章

刻 蚀 工 艺

本章将介绍刻蚀工艺，它是利用光刻工艺所形成的光刻胶作为掩膜来进行的。首先介绍刻蚀工艺中必不可少的等离子和射频放电，后半部分对各向异性的机理，以及最新的刻蚀技术进行介绍。

6-1 刻蚀工艺流程和刻蚀偏差

刻蚀工艺中最重要的是刻蚀偏差，它是指刻蚀后形成的薄膜图形与光刻工艺所形成的光刻胶图形之间的横向尺寸偏差程度。

刻蚀工艺流程是什么？

本章所介绍的刻蚀是指干法刻蚀，将围绕其展开。关于湿法刻蚀，在3-9中已经简单介绍过。

首先，从干法刻蚀工艺流程开始介绍。流程如图6-1-1所示，通过光刻工艺在被刻蚀的物体上形成光刻图形，此时光刻胶作为刻蚀的掩蔽层，所以有时也称其为光刻胶掩蔽膜或简称为掩蔽膜。在某些情况下，也可以不用光刻胶做掩蔽膜，而是采用硬掩膜进行刻蚀。但是，这种硬掩膜㊀刻蚀在LSI工艺流程中是很少见的。接下来，放入干法刻蚀设备，用光刻胶作为掩膜进行刻蚀。需要调整的参数包括气体及其构成比例、刻蚀压力、承物台温度等。此时，光刻胶也多少会被刻蚀掉一些，光刻胶的刻蚀速度与被刻蚀物的刻蚀速度之比称为光刻胶刻蚀选择比。另外，在晶圆内也考虑到刻蚀速率的均匀性，即使刻蚀进行到能看到一部分基底，也要继续进行刻蚀，这就是所谓的过刻蚀（Over Etching）。此时衬底也会被刻蚀。与上述情形类似，衬底与被刻蚀物的刻蚀速率的比值称为衬底选择比。不用说，希望两个数据越大越好。刻蚀速度也被称为刻蚀速率（Etching Rate）。

刻蚀偏差是什么？

最先进的光刻设备都非常昂贵。为了充分发挥其性能，按照光刻胶图形尺寸进行刻蚀是非常重要的，这被称为各向异性刻蚀。如图6-1-2所示，这种刻蚀前后尺寸的变化称为刻蚀偏差。

㊀ 硬掩膜：同样需要使用光刻和刻蚀来制造图形，在光刻胶无法耐受高温时使用。

干法刻蚀工艺流程（图 6-1-1）

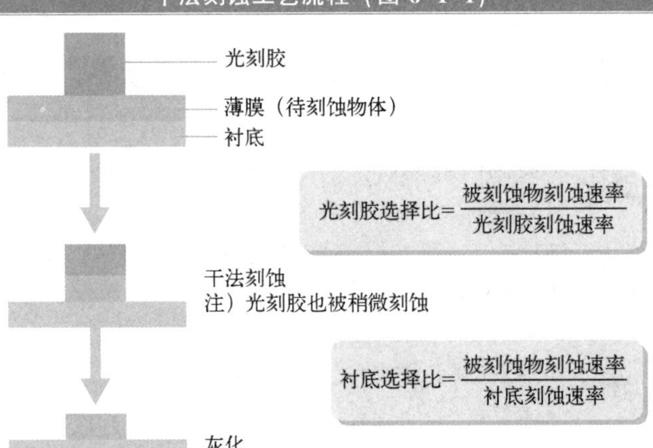

刻蚀中的尺寸偏差（图 6-1-2）

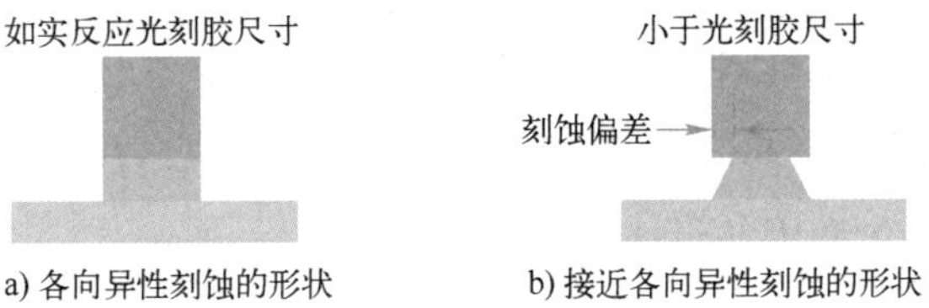

a) 各向异性刻蚀的形状　　b) 接近各向异性刻蚀的形状

使用化学试剂的湿法刻蚀是各向同性刻蚀，在实际刻蚀中光刻胶下面会有刻蚀液的渗入，也会造成相当大的刻蚀偏差，这称为侧向刻蚀。

6-2 方法多样的刻蚀工艺

同为刻蚀工艺，但需要对应各种各样的材料和图形，需要的结果也不同。所以必须分别采用相应的刻蚀工艺。

适应各种材料

半导体工艺中，刻蚀材料包括半导体及半导体薄膜、绝缘薄膜、金属薄膜等，这些材料也有很多种类，所以需要相对应的刻蚀工艺。

干法刻蚀使用气体进行刻蚀。简单来说，刻蚀反应使用的气体能够与被刻蚀物反应并产生挥发性物质，但不是任何一种气体都可以使用。另外，希望刻蚀气体最好处于稳定状态。使用液态气体时，气化场所的配置和适当的管道温度等，都需要相应的应对措施。

图 6-2-1 列举了适合各种材料的气体的例子。

主要材料和干法刻蚀气体的示例（图 6-2-1）

材料		刻蚀气体
半导体	Si(trench) 硅(沟槽)	SF_6+氟里昂或Cl_2，$SiCl_4$+N_2
	多晶硅(Poly-Si)	Hbr Cl_2+O_2、HBr
绝缘膜	SiO_2	CF_4、CHF_3、C_5F_8) 等
	doped-SiO_2掺杂二氧化硅	CF_4等
	Si_3N_4	CF_4等
金属膜	Al+通孔金属	BCl_3+Cl_2
	W+黏附层	SF_6、NF_3+Cl_2

适应各种形状

半导体器件需要刻蚀出各种各样的形状。其中有布线图形、有布线之间互连的通孔，也有进行元件间分离的沟槽，总之各种各样。图 6-2-2 显示了半导体工艺所需的各种形状，其中，沟槽和通孔将在 6-6 中介绍。

各种刻蚀（图 6-2-2）

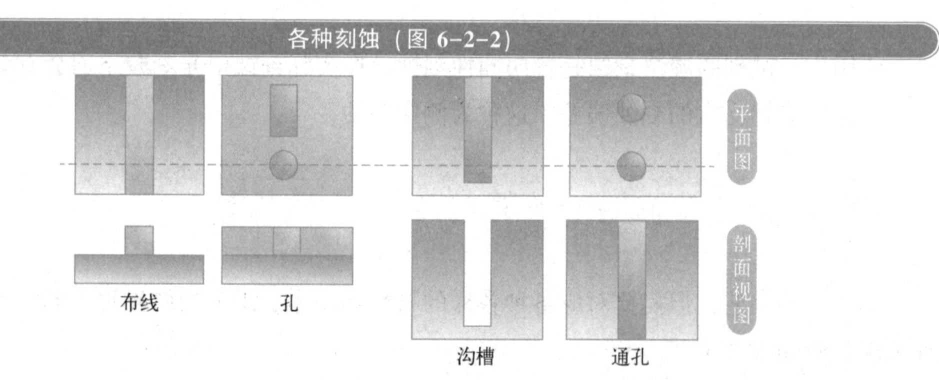

另外，刻蚀在光刻胶掩膜形成后，除了利用各向异性刻蚀进行无刻蚀偏差的微细化加工外，还可以利用各向异性刻蚀进行其他加工。例如回刻（Etch Back）、形成侧壁（Sidewall）等。其中，由于第 8 章中提到的平坦化技术的进步，回刻已经很少使用了，但是在栅极周围形成侧壁的方法依然被使用。图 6-2-3 对此进行了说明。

侧壁形成（图6-2-3）

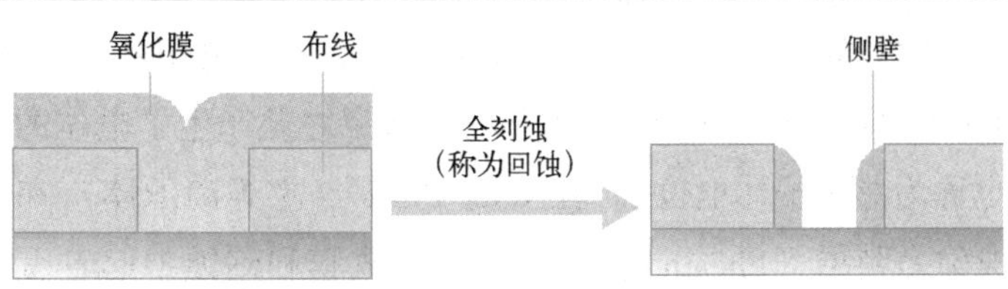

一种不使用光刻胶，而是利用各向异性刻蚀的方法。以下各章提供了各种示例。

6-3 刻蚀工艺中不可或缺的等离子体

干法刻蚀离不开等离子体的产生，其在成膜的等离子 CVD 中也被使用。接下来对等离子体的产生和作用进行说明。

等离子体生成机理

等离子体是气体、液体、固体之外的第四种物质状态，大致来说是电离气体，可以认为其整体电荷为中性。那么它是如何产生的呢？一般在半导体工艺中使用的等离子体称为低温等离子体，与在核聚变中使用的高温等离子体是不同的。图6-3-1表示了等离子体的产生。在形成真空之后，导入想要的气体，设置产生放电所需的气体压力，对电极施加射频使其放电，产生的电子与气体分子碰撞。由此生成离子和中性活性的自由基。不断重复这个过程就会产生等离子体。由此可见，刻蚀是真空工艺。

等离子体的生成机理（图6-3-1）

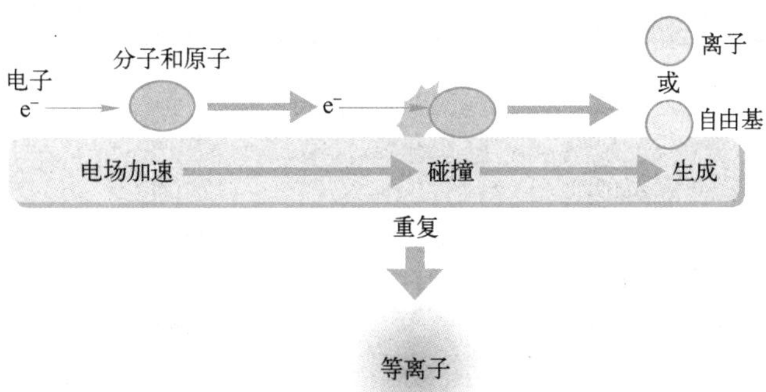

离子体电势

通常，两个平行相对的平板电极产生等离子体，此时等离子本身（有时也称作 Bulk Plasma）和电极附近的等离子体的电子和离子的迁移率之差产生了电位的差异。这被称为等离子体电势（也称为等离子体电位）。在 Bulk Plasm（主等离子体）和基板之间产生的电位变化的部分被称为鞘层（Sheath）。这个鞘层在成膜和刻蚀中起着重要的作用。具体如图 6-3-2 所示。

等离子体电势（图 6-3-2）

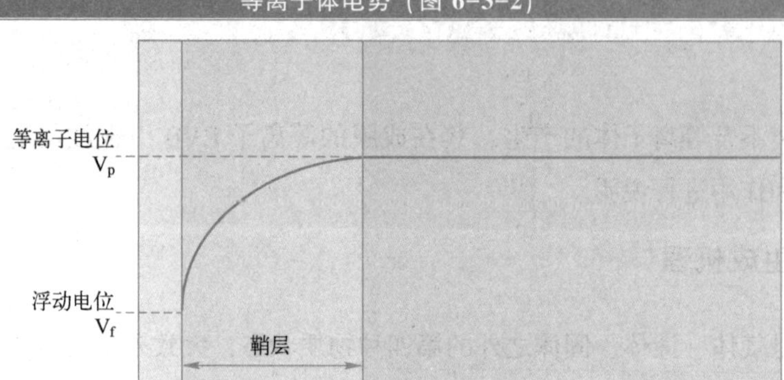

此外，表示气体中的粒子运动的参数之一有平均自由程。这是粒子撞击其他粒子后，在下一次撞击之前飞行的距离，与气体压力成反比。换句话说，它表示气体中的粒子能够移动多远的距离，在真空工艺中经常出现，如图 6-3-3 所示。第 4 章的离子注入装置的真空度高（压力低）也是这个原因。

气体中的平均自由程（图 6-3-3）

压力	平均自由程
10000Pa	1.1μm
1000Pa	11μm
100Pa	110μm
10Pa	1.1mm
1Pa	11mm

6-4 RF（射频）施加方式有什么不同？

在放置硅晶圆的电极上施加 RF（射频）功率，或者是接地线，刻蚀的结果是完全不同的。接下来介绍其机理。

▶▶ 什么是干法刻蚀设备？

干法刻蚀设备允许将两个平行排列的电极之一接地，以便向另一个电极施加射频⊖，如图6-4-1所示。此外，还增加了匹配盒、真空泵系统以将腔室抽入真空，以及引入刻蚀气体的气体系统。此外，在图中，气体从接地侧的电极以淋浴状喷出（也称为淋浴头电极），并将晶圆放置在施加射频的电极侧（也称为受体或舞台）。

干法刻蚀设备：平行平板型 RIE 示例（图 6-4-1）

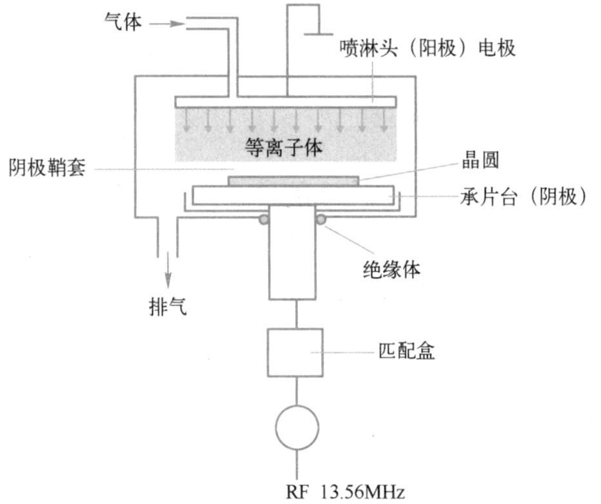

如图6-4-1所示，干法刻蚀设备将两个平行放置电极中的一个电极作为地线，另一个外加射频功率。当然，还要附加提供 RF 电源的匹配盒、给腔室抽真空的真空泵系统，以及导入刻蚀气体的气体系统。如图所示，从接地线一侧的电极（称为 Shower Head）喷出气体，在外加射频的电极一侧放置晶圆（称为 Susceptor 或 Stage）。这种方式被称为阴极耦合（Cathode Couple）。

⊖ 射频，也称为 RF，是 Radio Frequency 的缩写。电波法规定了可以使用的频率，通常使用 13.56 MHz。

这样，使腔室达到一定程度的真空后导入气体，在电极间施加电场就会放电。即使不是真空状态，放电也会发生，比如常见的打雷和冬天干燥时静电引起的放电，但那是瞬间的。在半导体工艺中使用的等离子体则必须持续放电，所以通常抽到真空后再施加电场。这种方式下使用反应性刻蚀气体进行的刻蚀称为反应离子刻蚀（RIE：Reactive Ion Etching）。

阴极耦合的优点

在哪个电极上施加RF，其结果完全不同。如图6-4-2所示，一般情况下，在阴极侧，也就是施加RF的一侧的鞘层电势变大。详细解释其原理比较复杂，不符合本书的宗旨，故而省略，理解为是射频（RF）放电的性质即可。阴极侧的鞘层如图6-4-1所示，称为阴极鞘层。因此，在这边放置晶圆进行刻蚀的话，由于阴极鞘层电场的效果，各向异性的刻蚀效果更好。具体请结合下一节阅读并理解。

两个电极的鞘套电位（图6-4-2）

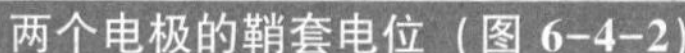

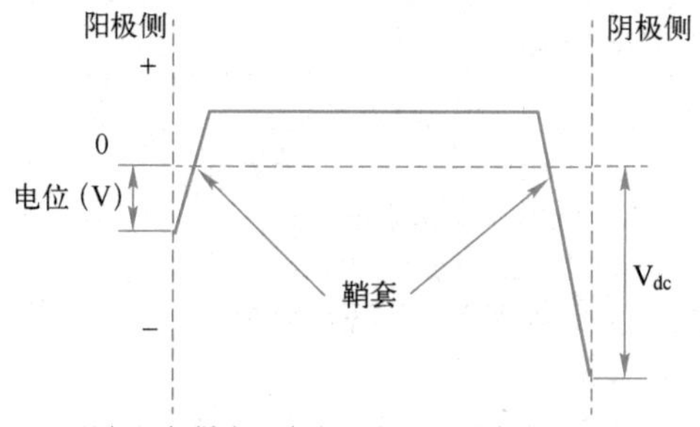

注）阴极鞘套通常表示为V_{dc}，为负电位。

6-5 各向异性的机理

在6-1中也提到过，没有刻蚀偏差的刻蚀就是各向异性刻蚀。接下来介绍刻蚀的机理。

什么是刻蚀反应？

下面把刻蚀分解为基本步骤来介绍。如图6-5-1所示。首先，刻蚀气体在等离子体中分解电离，形成离子和自由基等刻蚀类物质，称为Enchant[⊖]，这是第一个阶段。接下来是

⊖ Enchant：等离子中产生的一堆进行刻蚀的物质，包含电子、离子和自由基。

这些 Enchant 到达晶圆表面的过程。此时，就和 6-3 中介绍的平均自由程有关了。换言之，想要刻蚀出深度形状，压力低的情况更有利。但是，如果压力过低，放电就会不顺利，也会出现等离子体难以产生的问题。

干法刻蚀的机理（图 6-5-1）

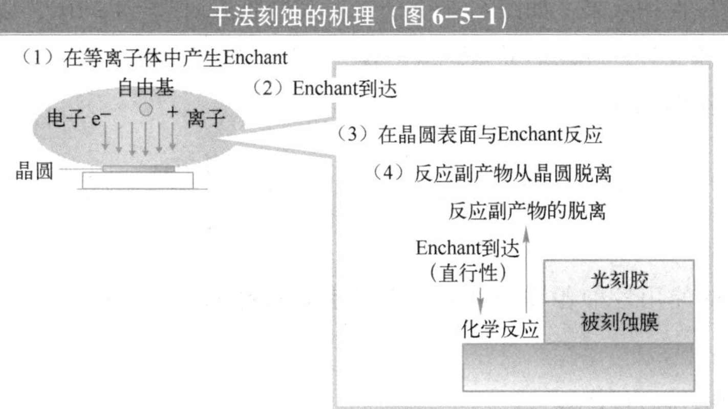

下一阶段是到达晶片表面的 Enchant 与被刻蚀物发生反应，进行刻蚀反应的阶段。不仅如此，还需要刻蚀反应副产物迅速脱离并排气。否则反应副产物会附着在表面，刻蚀反应无法进行。以刻蚀硅为例。作为硅的氯化物的四氯化硅和作为氟化物的四氯化氟的蒸气压，后者更高，所以如果用氟类气体刻蚀硅，反应副产物的脱离也会更快。这个思路也可以作为判断应该使用哪种刻蚀气体进行刻蚀的标准。

利用侧壁保护效果

各向异性的定义可以用数学公式来表示，如图 6-5-2 左上角所示。其关键是推进纵向（垂直）方向的刻蚀，抑制横向的刻蚀。也就是说，通过两种效果达成各向异性的形状。

各向异性刻蚀的机理（图 6-5-2）

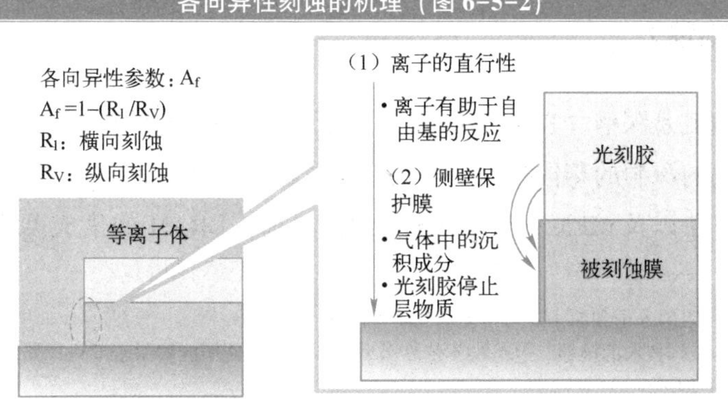

一个是离子轰击的效果。如图6-5-2所示，这加速了被刻蚀物表面的自由基的反应，促进了垂直方向的刻蚀。当然，离子自身的刻蚀反应也功不可没。该离子轰击可认为是6-4中叙述的鞘层电势的离子加速的效果。

另一个是侧壁保护效果。如图6-5-2所示，光刻胶溅射[㊀]产生的碳，以及人为在刻蚀气体中添加的气体成分，可以形成侧壁保护膜。这样可以抑制横向刻蚀，各向异性形状就是依靠这两种方法形成的。

6-6 干法刻蚀工艺的挑战

先进逻辑LSI使用各种各样的材料，而且也有特殊的构造，接下来介绍几种相关的工艺。

针对新材料的刻蚀工艺

如前所述，最先进的晶体管正在开发各式各样的技术助推器（Technology Booster）[㊁]。例如栅极周围使用High-k栅极堆叠技术、多层布线中使用Cu/Low-k结构等。刻蚀技术也必须与这些材料、构造方面的技术相配合。例如在最近的动向中，针对High-k栅极堆叠采用HfSiON和HfAlO等；针对Cu/Low-k结构采用Polas Low-k膜成为主流。另外，也有未来将晶体管结构三维化的想法。

此外，刻蚀技术与光刻技术有着密不可分的关系。我们需要时刻关注其与新的光刻技术的关系。例如在第5章中叙述的EUV曝光技术实用化的时候，光刻胶材料也会与以往材料不同，所以要注意是否还采用原有的光刻胶选择比（参照12-4）。图6-6-1总结了这些刻蚀技术今后的挑战。

什么是深槽刻蚀？

另外一个新潮流是深槽（Deep Trench）刻蚀[㊂]。它与普通的刻蚀技术不同，是一种能够挖出贯通硅晶圆的深洞的刻蚀技术。与其说是先进半导体的前段制程，不如说是来自后段制程的新封装方法以及MEMS等的要求所致。以前，DRAM的集成度为1 Mbit的时候，

㊀ 溅射：离子将光阻的分子和原子发射出去。另请参阅7-6。

㊁ Technology Booster：技术助推器。这是指不依靠微型化技术，而使用能够制造下一代器件的新材料和结构的技术。应变硅等也是这样的例子。

㊂ 沟槽刻蚀：虽称为沟槽，但实际上为孔形状。

为了在沟槽内形成电容器，通过三维化来保证电容器的面积，沟槽刻蚀技术得以实用化。那个时候最多只有几 μm 的深度，但是在 TSV[⊖]的情况下，无论硅晶圆的厚度有多薄，都必须进行数十 μm 到上百 μm 深度的刻蚀。为此有必要保护通孔的侧壁，刻蚀和沉积交替重复进行的博世（Bosch）工艺，以及将晶片冷却到低温从而抑制自由基的侧面攻击的低温刻蚀等方法被采用。Bosch 工艺用于 TSV 的沟槽刻蚀的例子如图 6-6-2 所示。

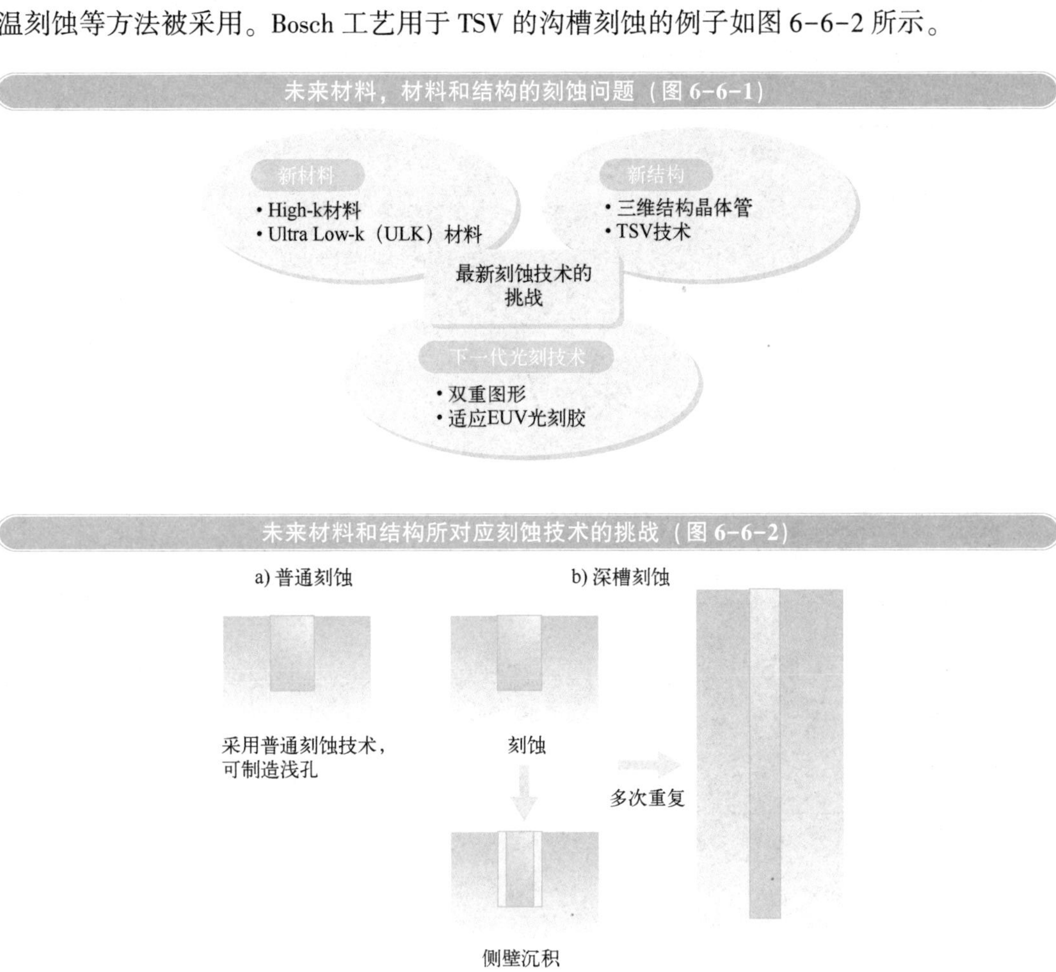

未来材料，材料和结构的刻蚀问题（图 6-6-1）

未来材料和结构所对应刻蚀技术的挑战（图 6-6-2）

⊖ TSV：Through Silicon Via 的缩写，硅通孔。

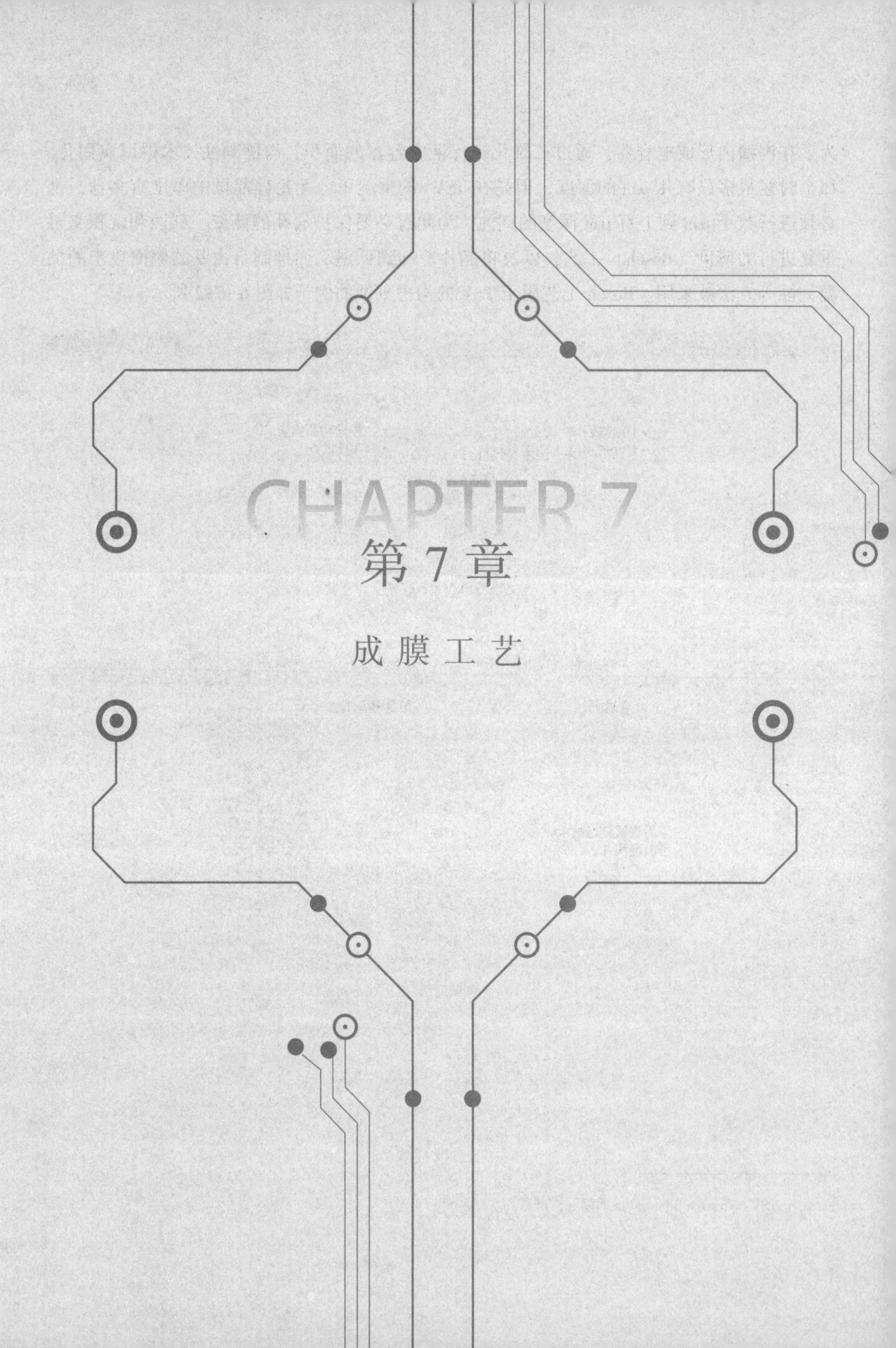

CHAPTER 7
第 7 章
成膜工艺

本章介绍在硅基板上制造布线和绝缘膜的薄膜形成工艺。由于成膜方法有很多种，因此从基本氧化方法开始逐一描述。最后，我们将讨论 High-k 栅极堆叠工艺和 Cu/Low-k 工艺。

7-1 LSI 功能不可或缺的成膜工艺

LSI 工艺本质上是一个在硅晶圆上制造杂质区域、布线和绝缘膜的工艺过程。成膜技术功不可没。

LSI 和成膜

LSI 基本上由半导体层（包括硅晶圆）、用于供电的金属布线层，以及用于电气隔离的绝缘层（也称为介质层）组成。

其中，半导体层（实际上包括扩散层）是晶体管中最重要的区域，晶体管是半导体器件的基础。金属布线将这些器件连接起来，不仅布线在水平方向上以二维方式扩展，而且某些导线（Plug）也垂直连接。此外，还有绝缘层，把导线和元件电气隔离开来。这些薄膜的材料和所需功能如图 7-1-1 所示。下面将按照图中列出的薄膜的顺序逐一介绍，在工艺流程 9-7 中也会再次接触到这些。

LSI 中各种薄膜一览（图 7-1-1）

种类	材料	机能
半导体薄膜	Si基板、Si外延膜、 多晶硅膜(Poly-Si)	扩散层(阱、源和漏极) 电阻膜、栅极电极和布线、Plug
金属膜	Al/阻隔金属 Cu/阻隔金属 W	布线，电极 接线，Plug Plug
绝缘膜	SiO_2, SiN, LK(ULK) SiO_2(SiON) SiO_2 SiO_2	PMD、IMD（ILD）、STI 栅极绝缘膜 STI埋层 侧壁膜

注）英文简称请参照 7-10。

英文缩写
ILD：Interlayer Dielectrics
PMD：Pre-Metal Dielectrics
STI：Shallow Trench Isolation

LSI 剖面所看到的薄膜形成示例

由于图 7-1-1 中只有文字，比较难以理解，因此图 7-1-2 显示了包含 DRAM 的系统级芯片的横截剖面图。接下来的内容将详细解释图 7-1-2 中所示的各种薄膜。

系统级 LSI 剖面和各种薄膜的示意图（图 7-1-2）

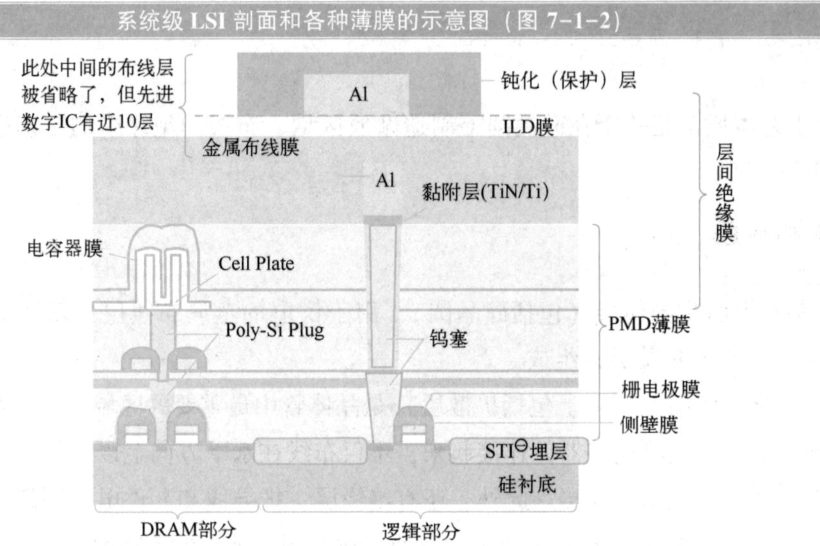

注）在实际的LSI中，逻辑部分不会直接位于DRAM部分旁边。为了简便，图中放到了一起。

从图 7-1-2 中，你会发现 LSI 使用了多种薄膜。例如用于布线和电极的金属膜使用了铝、铜和钨等各种材料，钨用于钨塞这样的特殊结构中。绝缘膜也有 STI 那样的埋层以及层间介质层，所处位置不同，称呼也不尽相同。图 7-1-2 只是一个示例，此外，还有一些薄膜，如栅极介质层，决定了晶体管的性能。

为了形成各种薄膜，所使用的原料气体和成膜方法也是多种多样的。

7-2 方法多样的成膜工艺

如 7-1 所述，LSI 包含各种薄膜，如半导体膜、布线膜和绝缘膜。此外，要成膜的晶圆的形状也不同。因此，有各种成膜工艺。

各种成膜方法

半导体工艺中使用的薄膜通常以气相沉积的方法来成膜。当然，还有采用液相方法进行涂

⊖ STI：Shallow Trench Isolation 的缩写。用于把晶体管等进行电气隔离的埋层。

布和电镀的，这两种多用于其他用途，一般都是用气相沉积来实现的。气相成膜的特点包括：

1. 利用化学反应，可以精确控制薄膜厚度和质量。
2. 干燥气氛，容易控制反应。
3. 容易维持洁净环境（材料、气氛）。
4. 可以均匀地大面积成膜。
5. 在某些情况下，可批量处理大量的晶圆。

在气相成膜中利用化学反应是它的一个最大特征，也是它的优点。图 7-2-1 梳理了主要成膜方法。其中，CVD 是 Chemical Vapor Deposition 的缩写，翻译为化学气相沉积。PVD 是 Physical Vapor Deposition 的缩写，翻译为物理气相沉积。从 7-4 开始逐一讲解以上各个技术。

成膜的参数

主要参数包括温度、压力，以及等离子体的有无。由于等离子体也用于刻蚀，在 6-3 有较多介绍，也可参考。在薄膜形成的时候，等离子体的作用是降低成膜过程中的温度。因此，如图 7-2-2 所示，等离子体用于成膜温度较低的情况，液相的成膜方法也是如此。另一方面，前道工序和后道工序的温度分界点标准是 500℃，在 500℃以上的温度下成膜，需要采用低压 CVD 法和外延法。后者用于在单晶硅上层叠相同晶相的单晶硅膜，但 LSI 很少使用，因此本书不做介绍。

成膜方法的主要分类之一（图 7-2-1）

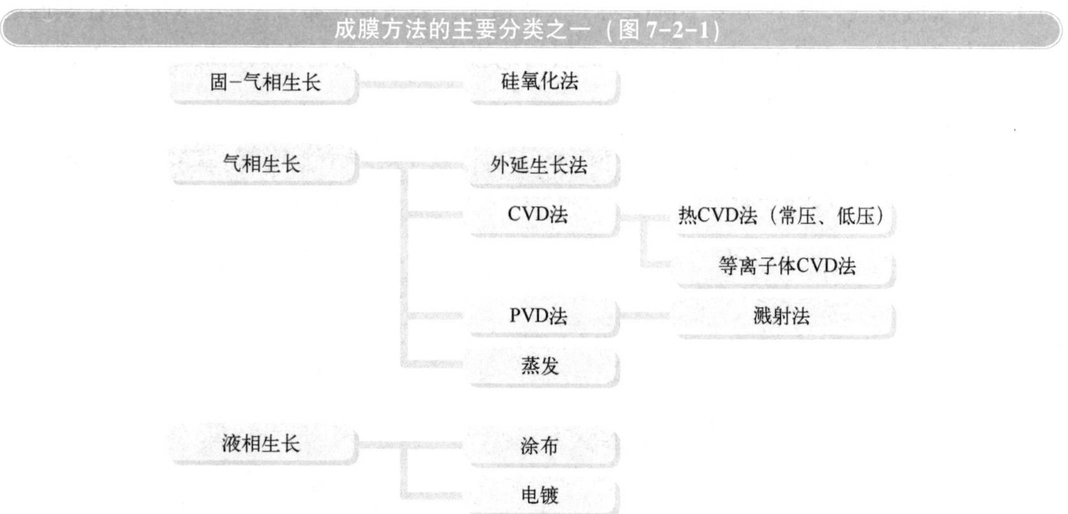

成膜方法的主要分类之二（图 7-2-2）

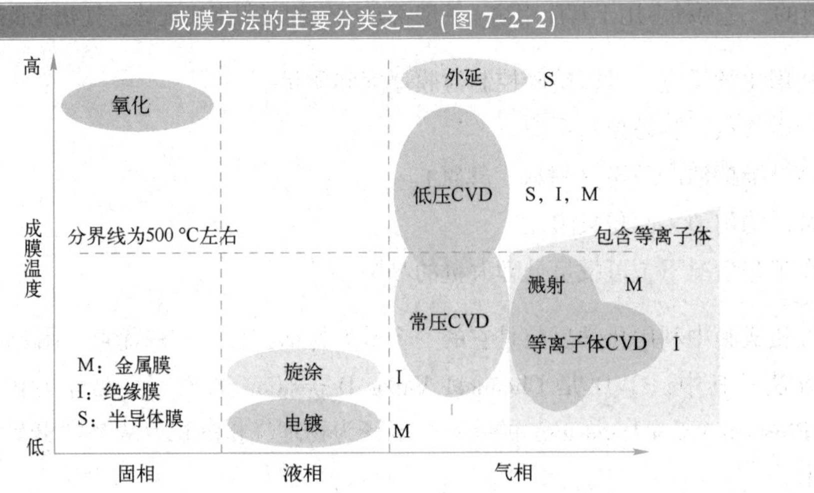

7-3 受基底形状影响的成膜工艺

LSI 在硅衬底上制造各种功能的器件，因此硅衬底上所形成的表面形状，从微观来看也不尽相同，所以需要应对各种形状。

适应什么样的形状？

正如图 7-1-2 所示的系统级 LSI 剖面和各种薄膜示意图中所看到的那样，成膜必须对应于各种基底形状。图 7-3-1 举例说明了这种情况，如果存在布线图形，则必须在其凸起的形状上形成薄膜。而在布线图形上形成层间绝缘膜时，成膜的形状也最好能完美遵循布线形状来完成，图 7-3-2a 为其示例。

各种基底形状的差异（图 7-3-1）

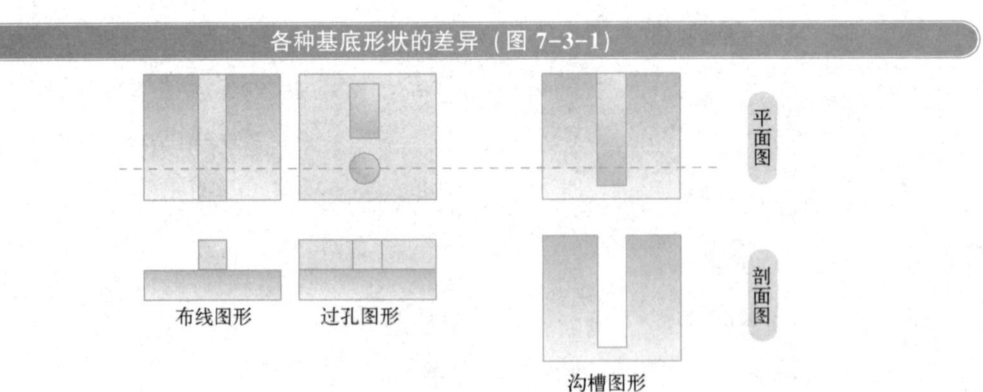

图 7-3-1 中的布线图形示例（图 7-3-2）

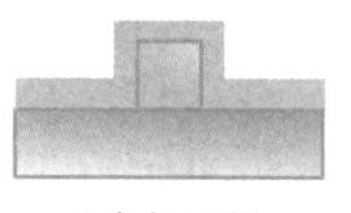
a) 良好示例

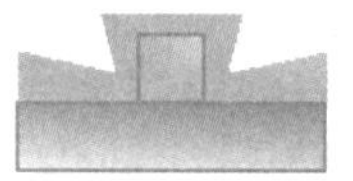
b) 形状缺陷示例

但是，如图 7-3-2b 所示，如果薄膜形成时不能完美遵循布线形状，而且薄膜上面还要再做布线，这样图形的恶化进一步被放大，在其上可能还要做光刻和刻蚀，这些工艺也会大受影响。此外，在层间绝缘膜比较薄的地方，耐压不足，会有漏电流产生。在此，我们只是描述了在布线上成膜的例子，其实如果薄膜形成不好，孔和沟槽中也可能会出现孔隙（Void），参见图 7-3-1。

成膜机理

从另外一个角度来说，LSI 中会出现各种基底形状，最终希望在这些形状上形成覆盖良好的薄膜。这可以用台阶覆盖（Step coverage）的好坏来表达。台阶覆盖与成膜机理有关，下面对此进行介绍。

用图 7-3-3 举例来说明。成膜机理也不是一两句话能简单说清楚的，总之各种因素都会对形状有影响。其中一个是源（Precursor）的平均自由程。它显示在图片的左侧。平均自由程的知识可参考刻蚀的 6-3。首先，把有多少源到达晶圆作为一个标准，接下来是黏附概率，这是到达晶圆的反应源是否立即有助于成膜的参数。

成膜反应机理的概念图（图 7-3-3）

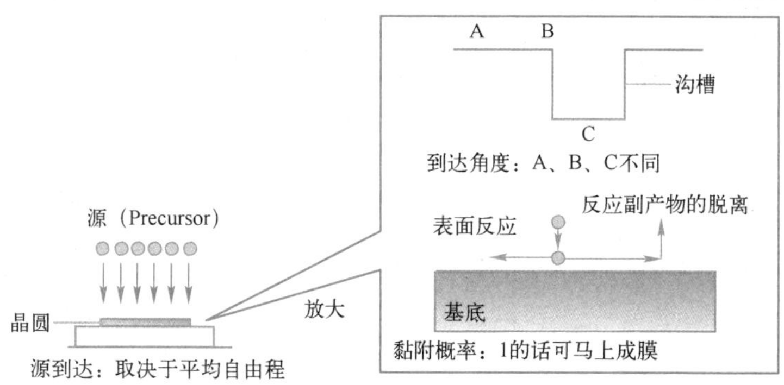

如图 7-3-3 的右下方所示，如果黏附概率为 1，则表示到达时马上成膜。接下来是到达角度，如图 7-3-3 右上方所示，适用于孔和沟槽。把成膜条件与其结果进行很好的关

联，可以找到良好的成膜条件。

7-4 直接氧化晶圆的氧化工艺

前道工序的晶体管形成工艺中使用硅的热氧化膜，最稳定的氧化膜是对硅进行直接氧化的热氧化硅膜。

为什么是氧化硅膜?

在半导体器件早期阶段，我们使用的不是硅，而是同在Ⅳ主族的锗。然而，转瞬之间锗就把主角的位置让给了硅。究其原因，地表含有大量的硅，从材料的储量来看，硅具有先天优势。另一方面，锗的热氧化膜不稳定，而硅的热氧化膜则相对稳定。这导致了 MOS 晶体管的发展。此外，硅比锗具有更大的带隙㊀，因此在耐热性和耐压方面也更有利。

硅热氧化机理

硅的热氧化的过程是将温度上升到高温（900℃以上），然后通入氢气和氧气燃烧产生氧化剂来完成的。该氧化剂直接对硅进行氧化，其化学式如下：

$$Si+O_2 \rightarrow SiO_2$$

进行这种氧化的装置称为氧化炉。之所以称为炉，是因为用它将晶圆加热到高温。如图 7-4-1 所示，把晶圆放入石英炉的舟中，每个舟按照 50 枚或 100 枚的单位装载晶圆，从石英炉的外侧进行加热。

硅氧化炉示例（图 7-4-1）

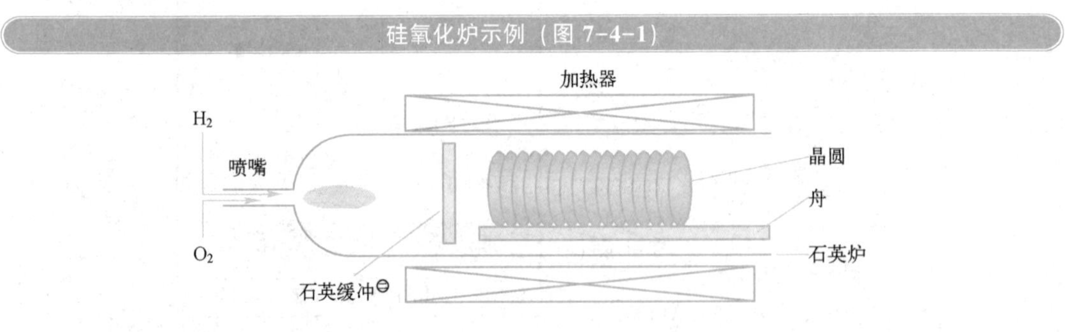

㊀ 带隙：固体晶体的价带和导带的能量差异。带隙是决定半导体特性的物理特性之一。

㊁ 石英缓冲：安装它是为了防止由于氢的燃烧热而在晶片表面形成温度分布。

热氧化的机理是通过两个过程的速率来表达的。硅与氧化剂马上反应，因此反应过程不需要速率表示。第一个过程是氧化剂（图中为 O）到达硅表面的供给速率过程。然后，当热氧化膜生长时，氧化剂通过热氧化膜，到达硅和硅氧化膜界面的过程的速率，称为扩散速率过程，是第二个过程。这两个过程在图 7-4-2 中表示。

硅氧化的机理（图 7-4-2）

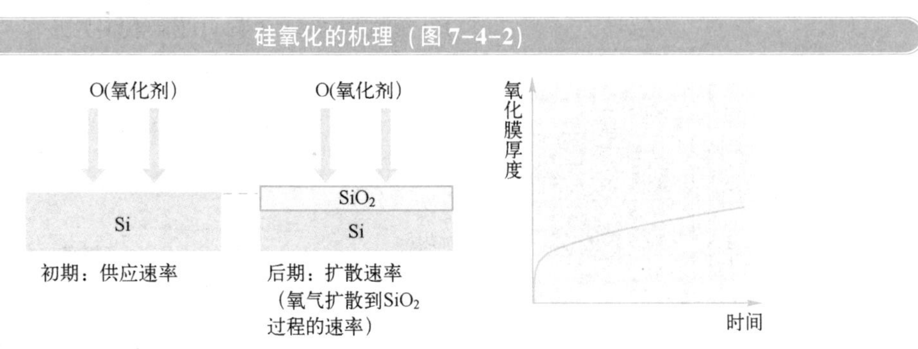

因此，氧化膜厚度和氧化时间呈如图右侧所示的抛物线关系。供给速率过程中生长的硅氧化物膜厚度约为 2 nm，这是先进 LSI 的栅极氧化膜[㊀]的厚度范围。实际上，我们通过降低氧化速率来控制薄膜厚度。厚的氧化膜是一个扩散速率过程。

7-5 热 CVD 和等离子体 CVD

最基本的 CVD 工艺是热 CVD 和等离子体 CVD 工艺。原料气体通过加热并通过等离子体分解，形成源（Precursor）。

热 CVD 工艺的机理

热 CVD 是一种最基本的 CVD 方法，它通过热分解原料气体形成源，并最终沉积到晶圆上形成薄膜。如图 7-5-1 所示，温度的施加有两种方法。一种是从反应炉（通常使用耐热性好的石英炉）外部加热晶圆的类型，称为热壁系统（Hot Wall）。前面所述的氧化炉也是这种类型的。如图所示，这种方式可以处理大量晶圆，但由于温度不会迅速上升，因此处理时间会更长。此外，薄膜也会附着在反应炉上，成为难题。再者，由于气体垂直

㊀ 栅极氧化膜：它是决定晶体管性能的薄膜，位于栅极下方。

于晶圆流动，气体从上面开始消耗，需要沿着炉子的长度方向来调整温度分布。尽管如此，在需要大规模处理的工艺中还是非常有用的。很多情况下是在低压下沉积，称为低压 CVD。

热 CVD 设备概念图（图 7-5-1）

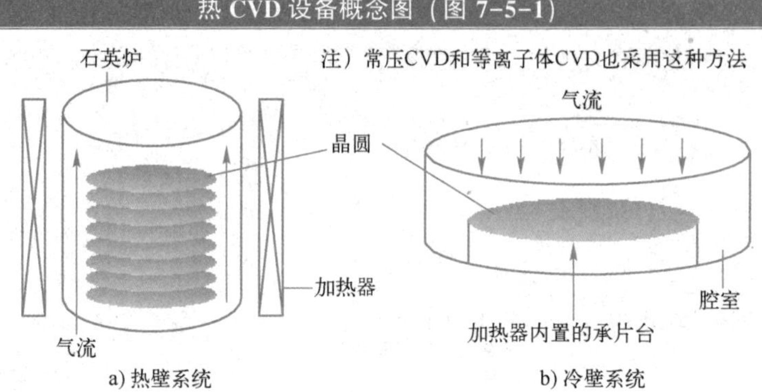

另一方面，冷壁系统（Cold Wall）通常用于单片设备，如图 7-5-1 所示，加热放置晶圆的承物台[⊖]来提高晶圆的温度。为此，虽然反应室的薄膜的附着会变少，但由于承物台材料的耐热性，加热器温度有限，适用于 500℃ 以下的低温成膜。前面提到的热壁系统适用于 500℃ 或更高温度的沉积。因为是单片晶圆处理，处理时间很短，但如果数量很大，则要花费更长的时间。常压 CVD 和等离子体 CVD 也是这种方式，当然，有时在低压下沉积。

什么是等离子 CVD 法？

等离子体在 6-3 和 6-4 中进行了描述，敬请参考。等离子 CVD 的优点是原料气体被等离子分解，因此可以保持较低的成膜温度。如图 7-5-2 所示，晶圆是放置在阳极一侧，构成阳极对。最初，考虑在铝布线上形成保护膜（钝化），但现在用于各种成膜，后面介绍的 Low-k 膜也可以采用等离子体 CVD。

产生等离子体的方法不限于如图 7-5-2 所示的平行平板电容耦合型，也有使用 ECR（Electron Cyclotron Resonance，电子回旋共振）放电产生高密度等离子体的方法。

⊖ 承物台：基座。

等离子体 CVD 设备：平行平板示例（图 7-5-2）

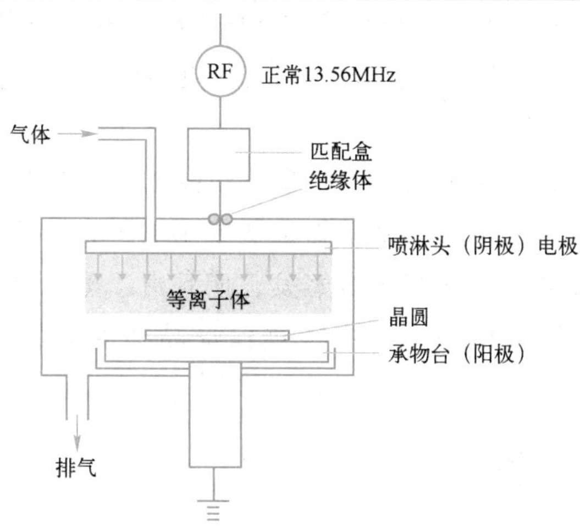

7-6 金属膜所需要的溅射工艺

LSI 后端工艺中使用了各种布线，所使用的材料因功能而异。由于 CVD 等难以沉积这些用于布线的金属，因此使用称为溅射的方法。

溅射的原理

如图 7-6-1 所示，溅射产生 Ar（氩）等离子体，将氩离子撞击在称为靶的金属锭上，喷射出金属原子，并在晶圆上形成薄膜。

溅射设备概念图（图 7-6-1）

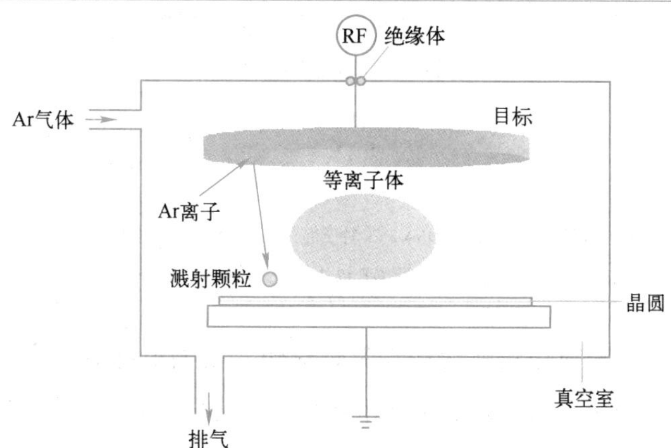

如果借用刻蚀来进行解释，就相当于氩离子刻蚀靶材。当然，为了产生等离子体，真空是必需的。用于溅射的 Ar 等离子体的真空度比等离子体 CVD 的真空度高约两个数量级。要提供满足该数量级的真空系统，设备将变得更加昂贵。通过以上方式产生等离子体，可以使用各种材料进行成膜。

另一方面，也有一种不使用溅射的薄膜沉积技术，称为蒸发。该方法是将金属原料放入称为舟的容器中，直接用加热器加热或用电子束加热，使金属原料蒸发并沉积在晶圆上。但是熔点高的金属很难蒸发，而且由于蒸镀源是点源（意味着面积小），在目前晶圆直径增大的情况下，很难保证晶圆内部的均匀性，所以已不再使用。

溅射方法的优点和缺点

溅射颗粒从某个方向飞向晶圆，因此覆盖率是溅射方法的一个挑战。为了改善覆盖率，考虑了各种方法，其中包括准直法（Collimator）和长程法（Long Throw）。前者是设置网格，用于对准溅射粒子的方向，后者是拉开目标和晶圆之间的距离。因此，溅射法也经过了许多改进。按照顺序来看，7-10 的 Cu/Low-k 结构的势垒金属、Cu 种子层也是用溅射法形成的。

流程如图 7-6-2 所示。另请参阅 7-7。这种层压膜结构使用多腔室溅射装置。

铜单大马士革中的溅射工艺（图 7-6-2）

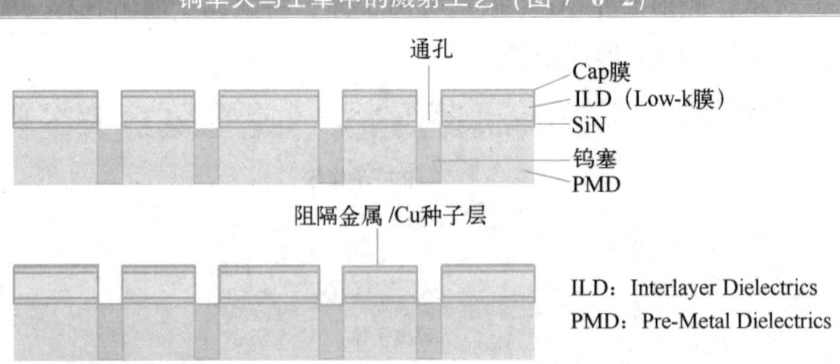

通过溅射形成阻隔金属（Ti / TiON）/Cu 种子层（Cu）。之后，如图 7-7-2 所示，通过电镀在通孔中形成铜，通过 CMP 去除通孔以外的铜。这称为单大马士革工艺。

此外，前者的阻隔金属使用氮化钛和氮氧化物，如 TiN 和 TiON。这是通过在氩气中加入氮和氧，使靶材中逸出的钛原子与氮和氧反应形成的，称为反应溅射法。

7-7 Cu（铜）布线不可缺少的电镀工艺

电镀工艺也用于 7-10 中描述的 Cu/Low-k 工艺。铜是一种难以通过 CVD 等工艺沉积的材料，而且是难以刻蚀的材料[⊖]，因此需要使用电镀工艺。

为什么要使用电镀法?

使用铜的必要性将在 7-10 中讨论。镀铜工艺采用电解反应，原理与化学课中学过的镀铜实验相同。电解液主要是硫酸铜，并使用各种添加剂，由材料制造商以镀铜溶液的形式制造和销售。虽然原理简单，但是需要工业化控制才能为 300 mm 晶圆进行均匀电镀，因此就有了专用于半导体工艺的镀铜设备，其概要如图 7-7-1 所示。晶片旋转以防止镀液中产生气泡，并保持晶片内成膜的均匀性。

铜电镀装置的概要（图 7-7-1）

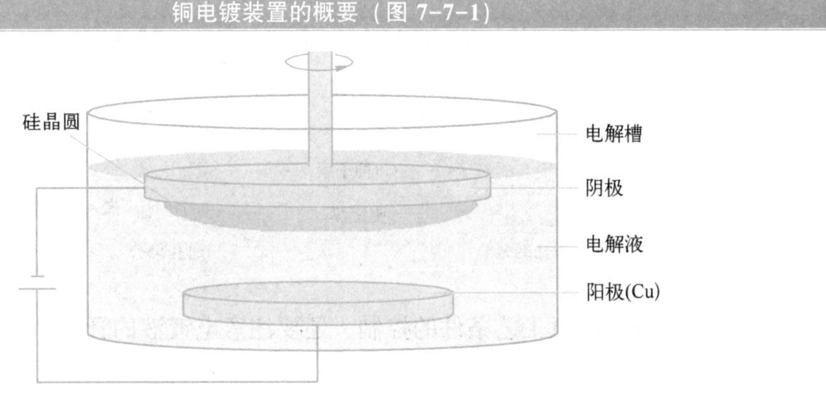

电镀工艺的挑战

镀铜工艺的实际流程是怎样的？将使用图 7-7-2 进行说明。图的上半部分是在图 7-6-2 中形成的阻隔金属和铜种子层。

铜种子层是通过 7-6 所述的溅射方法形成的，大约 10 nm。在种子层上面进行铜电镀，以确保电镀铜均匀、形状良好。如图 7-7-2 所示，在通孔中形成铜，当然在通孔中也形成了 Cu 种子层，之后的工序是使用 CMP 去除多余的铜。但由于该通孔是 100 nm 或更小的

⊖ 难以刻蚀的材料：为此使用所谓的铜大马士革工艺。

微孔，因此可能会出现图7-7-3所示的嵌入缺陷。这是因为电镀工艺的阶梯覆盖差，在过孔两侧薄膜中间会形成孔洞，如果极端的话，如图7-7-3所示，过孔中也可能形成不成膜的悬挂（Overhang）形状。

铜电镀工艺的流程（图7-7-2）

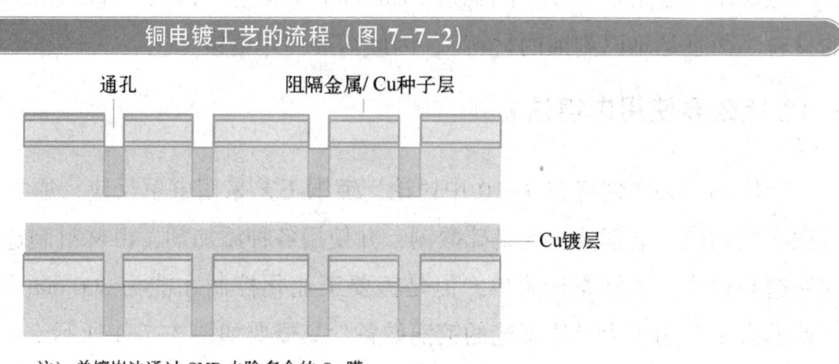

注）单镶嵌法通过CMP去除多余的Cu膜。

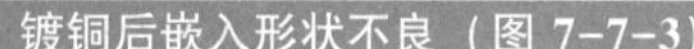

镀铜后嵌入形状不良（图7-7-3）

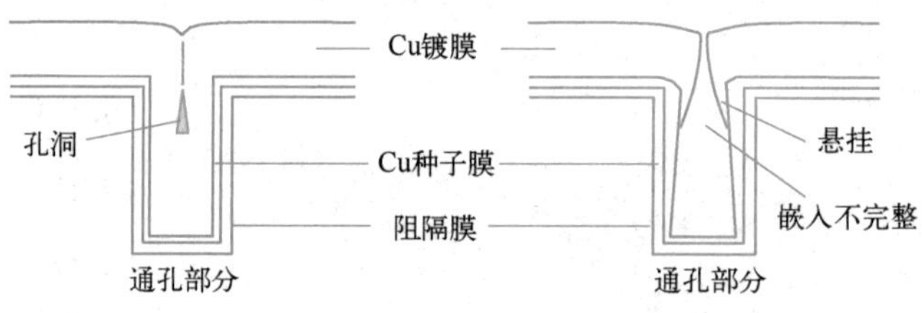

因此，我们不仅要注意工艺条件的控制，还要注意电镀液的管理。

7-8 Low-k（低介电常数）膜所使用的涂布工艺

在某些情况下需要一种技术，将薄膜材料溶解在有机溶剂中，然后涂覆来形成薄膜。这就是涂布工艺。该工艺也用于7-10中描述的Cu/Low-k工艺。

为什么要使用涂布工艺？

半导体的前段制程中使用涂布工艺，即旋涂（Spin Coat）工艺。例如5-6中所述的光刻胶的涂布，这在某种意义上也是一种成膜。因此，通过涂布工艺来制造半导体薄膜的想法是自然而然的。而且具有设备简单、工艺成本低的优点。

然而，另一方面，与热氧化和热 CVD 相比，薄膜的稳定性稍低一些。此外，由于涂布工艺是液相工艺，需要将原材料溶解在溶剂中，可用的材料有限。目前，实用化的主要是绝缘膜，其中氧化硅膜是主流，称为 SOD⊖（Spin On Dielectrics，自旋电介质）。此外，最近也应用于 Low-k 膜的涂布中。

与光刻胶一样，为了在晶圆上形成均匀厚度的薄膜，需要使用一片一片来处理的单片式设备。使用旋涂机（旋转涂布装置）来涂布，晶圆表面向上并用真空吸盘固定，滴下预定量的材料，然后高速旋转晶圆，在晶圆上实现均匀厚度的薄膜。如图 7-8-1 所示，为了方便未在图中标明，但是和光刻胶一样，它也具有边缘冲洗和回冲洗功能，具体请参考 5-6。薄膜厚度根据旋转次数和材料液体的黏度进行调整，当然，转速越高，薄膜厚度越薄，材料溶液的黏度越高，薄膜厚度越厚。此关系如图 7-8-2 所示。然后，进行约 300~400℃ 的热处理，以完全去除溶剂并使薄膜变得稳定，这种热处理功能内置于涂布设备中。

涂布工艺的挑战

与光刻胶一样，存在材料使用效率的问题，因此正在考虑具有多个喷嘴、在晶圆上一边扫描一边滴涂料液的扫描涂布设备，但目前主流仍然是旋转涂布。对于 SOD，它作为层间绝缘膜保留在器件中，因此需要严格执行膜厚控制，腔内的气氛控制（温度、气体分压）也很重要。

涂布设备概念图（图 7-8-1）

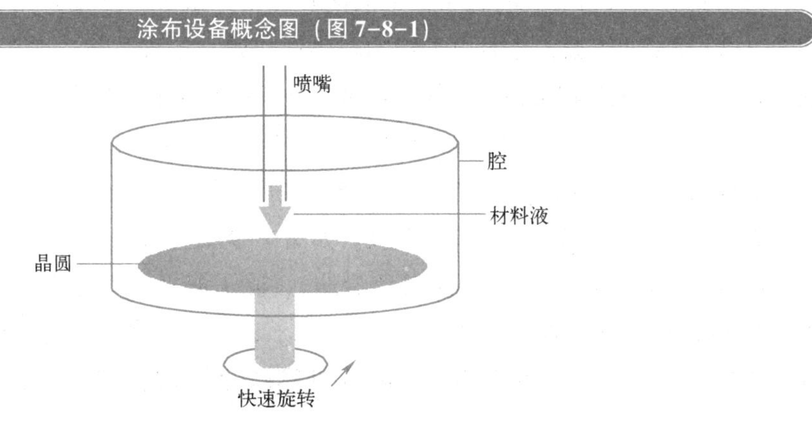

⊖ SOD：主要绝缘膜是硅氧化膜，所以 SOG（G 是 Glass 的缩写，意为玻璃）的称呼比较普遍。

涂层厚度的控制（图 7-8-2）

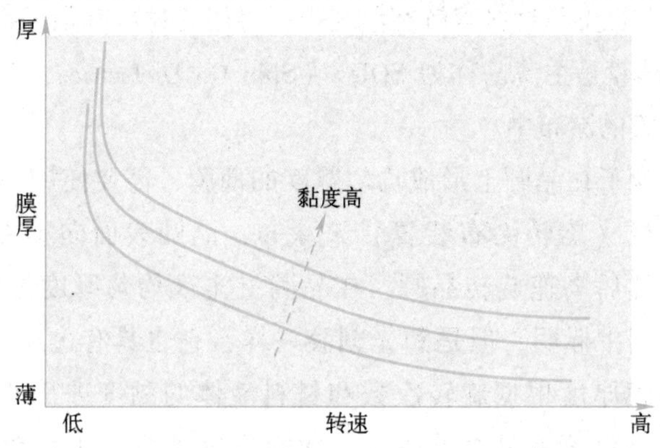

7-9 High-k 栅极堆叠工艺

在最先进的 LSI 中，由于比例缩小定律，栅极氧化膜变薄，其漏电流不容忽视。为此，High-k 栅极堆叠技术活跃了起来，找到了用武之地。

栅极材料的历史

虽然可能与成膜没有直接关系，但 MOS 晶体管的栅极技术是半导体工艺的基础之一，所以我想谈谈与成膜的关系，也谈谈其历史。如图 7-9-1 所示，栅极最初采用的是图 7-9-1a 所示的铝栅。然而由于铝的耐热性问题，导致源漏必须在栅极形成后再制造，这就必须在结构上为栅极留出足够的裕量，显然这不利于微细化。

因此，下一个想法如图 7-9-1b 所示，是在源极和漏极之前制作栅极，并以自对准方式（也称为 Self Aligned）形成扩散层。该方法切实可行，因为多晶硅的耐热性可以承受源漏形成后的热处理，这称为多晶硅栅极。如图 7-9-1 所示，在 LDD⊖ Spacer 之后形成源/漏。目前称为 Polyside Gate（多晶硅化金属），除了栅极具有硅化物和多晶硅的叠层结构外与图 7-9-1b 基本相同，如图 7-9-1c 所示。硅化物与多晶硅的叠层结构称为 Polyside，故称为 Polyside Gate。下面介绍的 High-k 薄膜栅极堆叠也基本具有这种结构。

⊖ LDD：Lightly Doped Drain 的缩写，意为轻掺杂漏。为了缓和漏极附近的电场集中，提供了杂质浓度低于源极和漏极的区域的结构。

栅极结构的变迁（图 7-9-1）

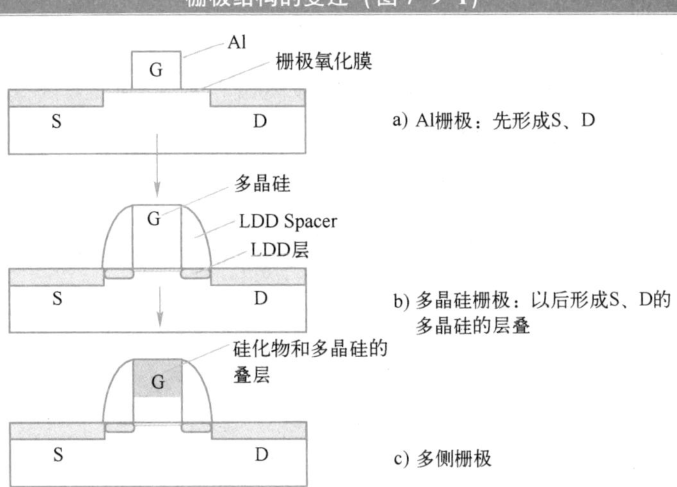

High-k 栅极堆叠技术

如图 7-9-2 所示，通过缩小尺寸来减薄栅极氧化膜会导致栅极漏电流增加。因此，需要使用 High-k 栅极绝缘膜，进而加厚膜厚以减少漏电流，同时还可以保持有效栅极容量。High-k 与 Low-k 相反，是一种高介电常数薄膜。通常，氧化硅膜的介电常数约为 4，但 High-k 膜的标准为 10 或更高。但是，由于在与单晶硅的交界处最好使用稳定的氧化硅膜，所以采用了带有薄氧化膜的层叠状结构，例如实际使用的有 HfSiO(N)/SiO_2 和 HfAlO(N))/SiO_2。

High-k 栅绝缘膜的必要性（图 7-9-2）

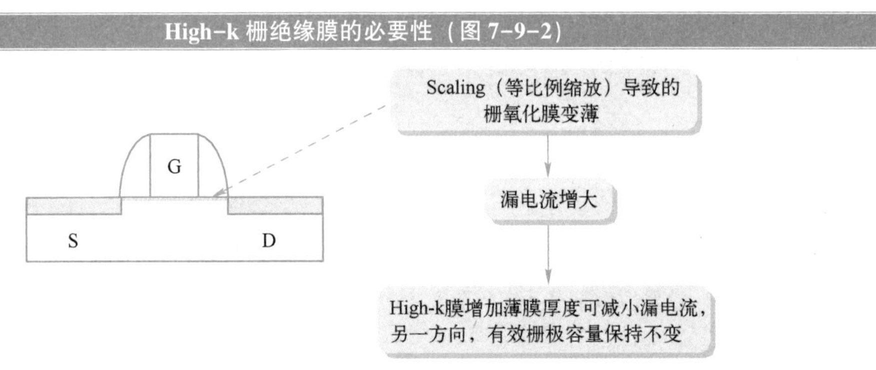

这些成膜的主流是低压热 CVD 方法。另一方面，正在研究使用 ALD（Atomic Layer Deposition，原子层沉积）方法进行沉积，该方法可以通过进一步控制各层的组成来成膜。

ALD 工艺基础

如图 7-9-3 所示，ALD 工艺主要通过重复沉积和清除（Purge）来生长薄膜。与之前描述的沉积方法最大的不同是，气体的供应比较独特。这是因为只要一次原料气体的供应量发生变化，ALD 过程就不再起作用。

ALD 成膜工艺示意图（图 7-9-3）

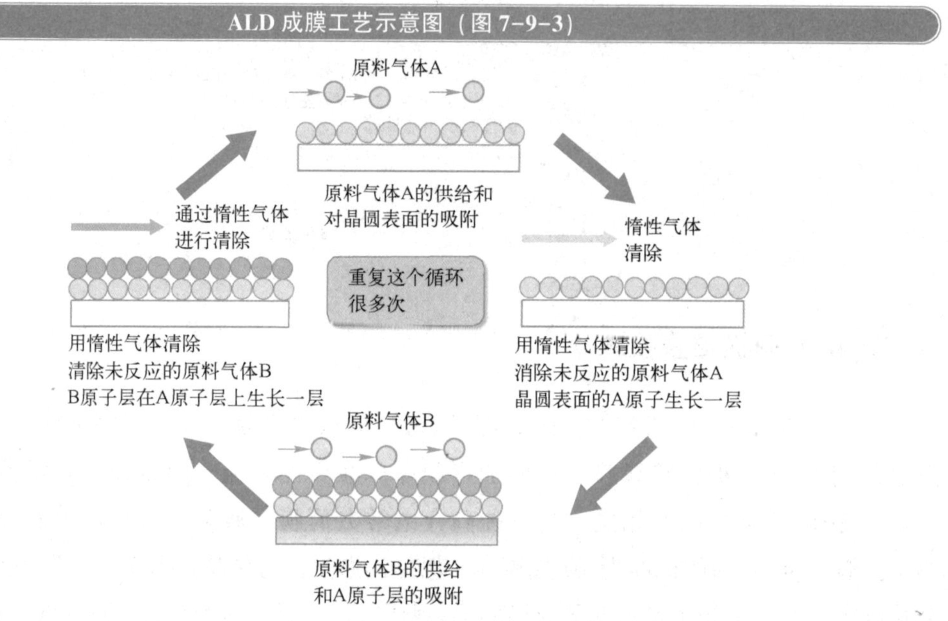

在此，列举 High-k 薄膜的应用：有人提出可以把 High-k 薄膜用于 MRAM㊀和 FeRAM㊁中，作为下一代存储器的成膜材料，量产的设备也已在市场上出售。通过这种方式成膜，完全有潜力提供半导体工艺中从未见过的新材料。

7-10 Cu/Low-k 工艺

由于布线延迟问题，先进数字 LSI 使用铜（Cu）作为布线，使用低介电常数膜（Low-k）作为层间绝缘膜，这称为 Cu/Low-k 工艺。

㊀ MRAM：一种与闪存类似的非易失性存储器，使用铁磁膜。
㊁ FeRAM：一种与闪存类似的非易失性存储器，使用铁电膜。

为什么使用 Cu/Low-k？

Cu/Low-k 工艺主要用于先进 CMOS 数字电路。为什么使用 Cu/Low-k？是微细化的要求所致。如图 7-10-1 所示，伴随着微细化，布线的宽度变小，布线的间距变窄，因此布线之间的层间绝缘膜的宽度也变小。为此，布线的电阻值变大，布线之间的间隙变小，布线之间的寄生电容[㊀]变得不可忽视。因此，寄生电容 C 和布线电阻 R 形成了布线延迟的时间常数 CR。如果存在接线延迟，LSI 无法按预期工作。为了减少这种布线延迟，需要减小时间常数 CR。C 减小是使用 Low-k 膜（低介电常数）来替代 SiO_2。R 减小是使用 Cu 来替换 Al，以此达到降低常数 CR 的目的。铜采用如上所述的电镀工艺，Low-k 膜则是采用等离子体 CVD 或涂布工艺来实现。

Cu/Low-k 结构的概念图（图 7-10-1）

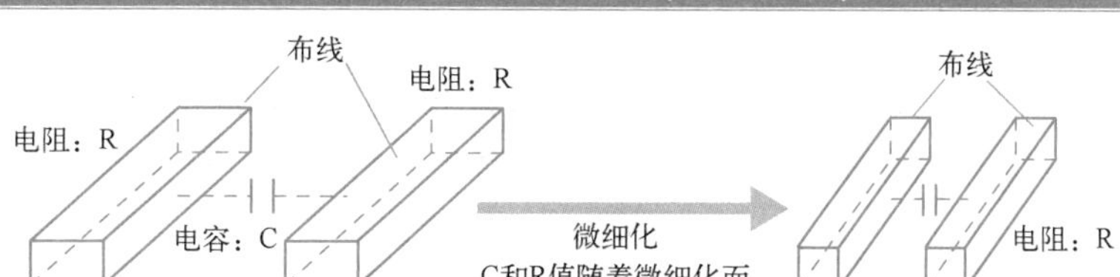

从成膜的角度来看，Cu/Low-k 的挑战

除了涂布工艺外，Cu/Low-k 在成膜过程中面临的挑战是 Cu/Low-k 成膜。如图 7-6-2 所示，这种低 k 膜的结构是 SiN 膜、Low-k 膜和 Cap 膜的叠层膜。SiN 膜和 Cap 膜在防止 Cu 扩散方面发挥作用。由于 SiN 膜和 Cap 膜的介电常数高于 Low-k 膜的介电常数，因此在设计总介电常数时必须考虑这种层叠结构。在 45nm 节点之后，需要 k 值小于 2.5 的薄膜，只能通过如图 7-10-2 所示的多孔薄膜来实现。因此，需要稳定形成这种多孔 Low-k 膜的技术。还要考虑通过在成膜后用电子束或紫外线进行退火来降低 k 值并提高机械强度的方法。

㊀ 寄生电容：本来在设计中并没有该电容，但是由于半导体中存在布线和扩散层，因此在构造上两个布线之间存在互容，会产生一个并未考量在内的电容值，称为寄生电容。随着微细化的发展，该问题变得愈发明显。

多孔 Low-k 膜的必要性（图 7-10-2）

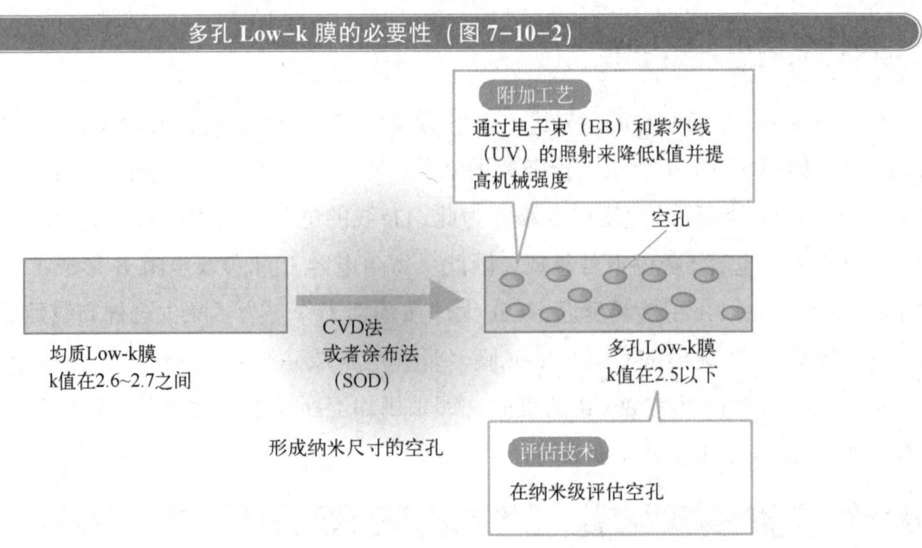

使用 CMP 工艺形成 Cu/Low-k 多层布线的方法和挑战将在 8-6 中讨论。图 7-10-2 右侧所示的多孔 Low-k 膜的介电常数为

$$k=k_b/[1+p(k_b-1)]$$

其中，k_b 是底层部分的介电常数，p 是多孔部分的体积之比。空气的介电常数为 1。自从使用超 Low-k 膜以来，Cu/ULK 一词已被广泛使用。

CHAPTER 8

第 8 章

平坦化（CMP）工艺

本章将对LSI多层布线化的发展，以及包括设备和消耗部件在内的CMP工艺进行讲解。另外，在介绍完CMP的机理后，还将介绍大量使用CMP工艺的铜双大马士革技术，以及CMP工艺面临的难题。

8-1 多层布线不可或缺的CMP工艺

LSI还是2层布线的时代，平坦化技术（只是一部分平滑化的水平）与刻蚀和成膜组合。但是，随着多层化的发展，CMP工艺这一使硅片表面变得平坦的技术变得必不可少。

为什么使用CMP工艺？

首先介绍CMP工艺产生的历史背景。CMP工艺之所以成为必要，是因为系统级LSI和先进CMOS数字电路的发展中多层布线化的发展需求。在存储器中，内存单元至少需要2层位线和字线的走线，所以也有不使用CMP的情况。多层布线必不可少的理由在2-4中已经提到过，在先进的数字LSI中，通常是把已经完成电路验证的IP进行整合，完成逻辑LSI的设计。这样做的主要原因是因为验证新电路需要花费大量的时间。因此，用布线连接各种电路模块使之完成LSI，称为Building Block方式。因为是用这样的方法制作的，所以布线必然是层次化结构，所以需要多层布线。为了形成3层以上的多层布线完全平坦化是必要的，为此从20世纪90年代初开始CMP的实用化不断发展。

到CMP为止的工艺流程

CMP在实用化之前也有平坦化的要求。20世纪80年代到90年代，平坦化布线形成技术有两个难题。一是布线宽度和布线间距因微细化而变小，布线上形成的层间绝缘膜不能埋入布线之间，如图8-1-1所示，产生称为“Void”的孔隙，造成可靠性问题。将层间绝缘膜无缝隙地嵌入布线之间的Gap中，这种技术称为间隙填充（Gap Fill）。第7章成膜工艺讲到的台阶覆盖率（Step Coverage）提高非常重要，于是各种各样的CVD方法应运而生。

间隙填充（Gap Fill）技术（图8-1-1）

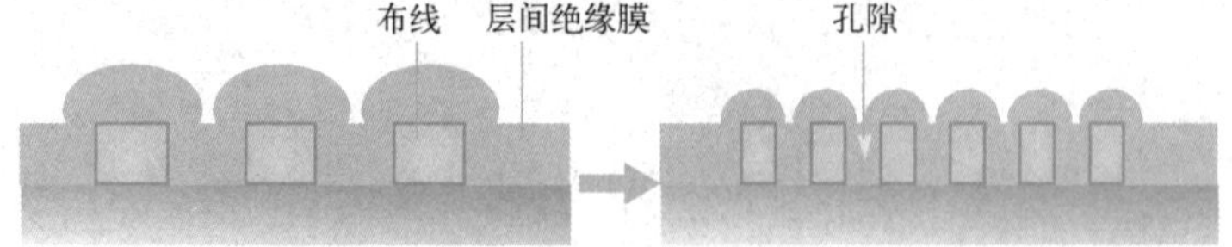

间隙填充(Gap Fill)：在布线(M)之间的间隙中填充层间绝缘膜(ILD)的技术

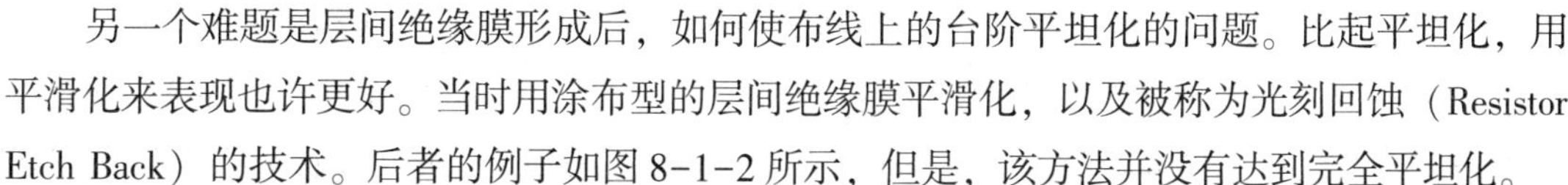

另一个难题是层间绝缘膜形成后，如何使布线上的台阶平坦化的问题。比起平坦化，用平滑化来表现也许更好。当时用涂布型的层间绝缘膜平滑化，以及被称为光刻回蚀（Resistor Etch Back）的技术。后者的例子如图 8-1-2 所示，但是，该方法并没有达到完全平坦化。

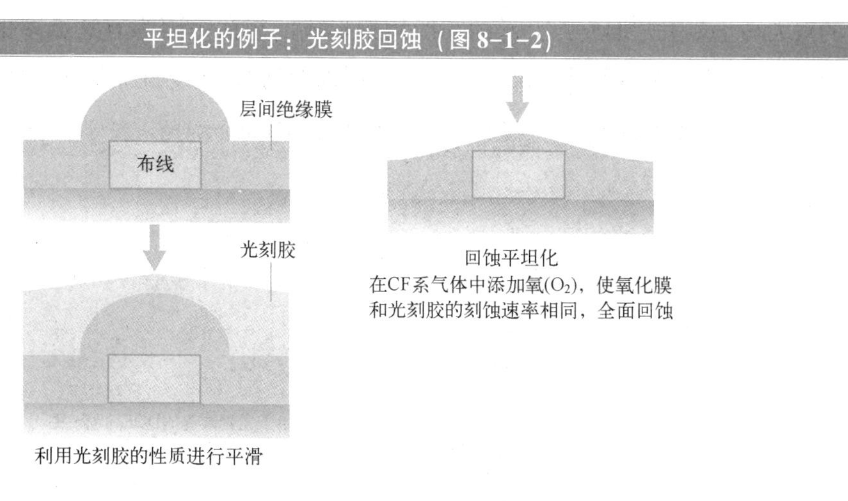

平坦化的例子：光刻胶回蚀（图 8-1-2）

8-2 采用先进光刻技术的 CMP 工艺

在光刻工艺中介绍的先进曝光装置，如果曝光面不平坦，也无法发挥其分辨率的特长。为此，CMP 的平坦化是必不可少的。

拯救焦深下降的 CMP

在 8-1 所叙述的不完全平坦化（平滑化）工艺中，如图 8-2-1a 所示，在其上进一步形成布线层，就会出现布线不平坦的问题。因此，需要进行如图 8-2-1b 所示的完全平坦化。但问题的关键是光刻，在第 5 章光刻工艺也提到过，曝光设备的分辨率越高，焦深（DOF）就越低。随着微细化的推进，也就是在使用分辨率高的曝光装置的情况下，必须使曝光的表面平坦化。这个问题的唯一答案是进行 CMP 的完全平坦化。因此也有人认为 CMP 是光刻技术的超分辨率技术之一。

需要 CMP 的工序

对于先进 CMOS 数字电路来说，没有 CMP 就无法制造器件。在图 8-2-2 中，我们对剖面图进行介绍。从上到下分别是 STI（Shallow Trench Isolation，浅槽隔离）、W-Plug（钨塞）前的层间绝缘膜（图中标注为 PMD，是 Pre Metal Dielectrics 的缩写）、钨塞以及在其上形成的 Cu 布线，需要 CMP 工艺的地方很多。其中，制造 Cu 布线的 Cu 双大马士革技术将在 8-6 中进行说明，是非常复杂且成本昂贵的工艺。而且如图所示，Cu 的 CMP 工艺随着布线层的增加需要得就越多，导致 LSI 芯片成本的增高，所以也有只在下层布线用 Cu 的双大马士革工艺形成，上部的布线用铝形成的想法。因为有这么多的工艺需要平坦化，所以在先进 CMOS 数字电路的生产线上可以看到 CMP 设备都是很多台一字排开。

不完全平坦化与完全平坦化的区别（图 8-2-1）

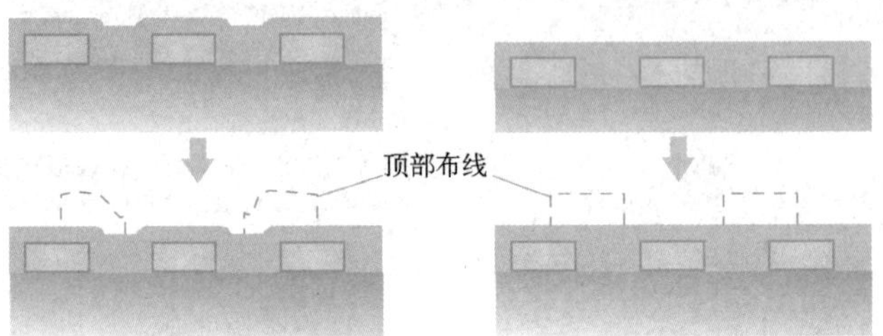

如果平坦化不完全，即使在上部形成布线，由于光刻装置的DOF问题，图案宽度也不稳定，而且形状也受到台阶的影响而不稳定。

a) 不完全平坦化　　b) 完全平坦化

先进 CMOS 数字电路和 CMP 的使用示例（图 8-2-2）

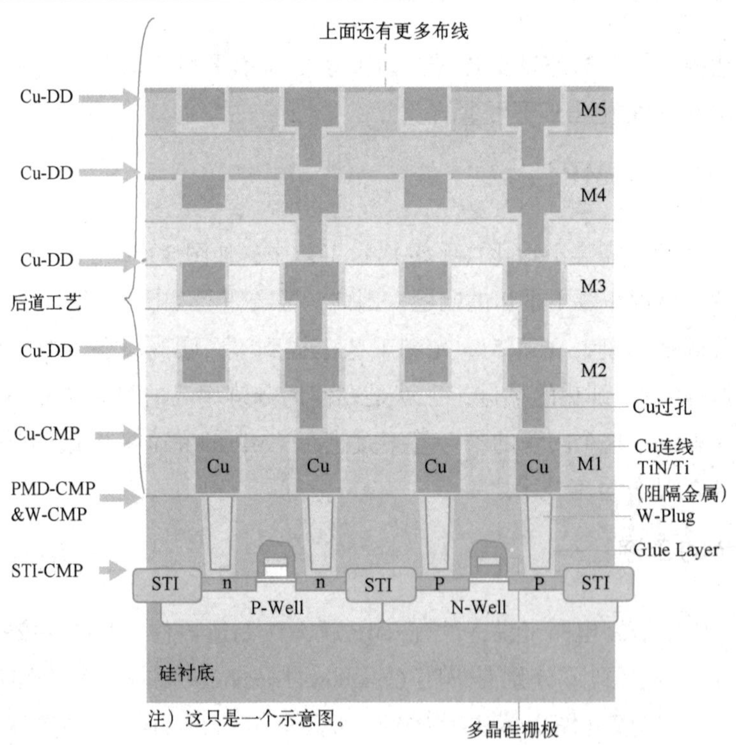

注）这只是一个示意图。

8-3 回归湿法工艺的 CMP 设备

CMP 设备与前面介绍的其他前段制程的设备不同，它是机械加工的设备，所以工艺也会受其影响。

CMP 设备是什么样的？

CMP 装置类似于对晶圆的表面进行镜面抛光所使用的抛光机，以及减薄机（打磨晶片背面的装置）。它们都是机械加工设备，有很多驱动部分，并不是所谓的真空工艺。特别是抛光机，都需要使用研磨剂和大量的水。常用的 CMP 设备如图 8-3-1 所示。简单来说就是在硅片背面使用称为晶圆承物台（Platen）的器具来吸附，硅片表面接触到研磨垫（有时候省略为 Pad）对硅片表面进行研磨（类似于研磨垫和晶圆承物台双方互相挤压这种形式），研磨衬垫上有抛光料（Slurry）滴下来并研磨晶圆表面。抛光料是研磨粒子和特定溶剂混杂在一起的溶液。为了防止研磨垫上的研磨液阻塞，用修整器（Dresser，也叫作 Conditioner）进行原位（In-Situ）修整。从 20 世纪 80 年代开始，洁净间逐渐导入了干法工艺（刻蚀等），但由于 CMP 使用的是被称为研磨液的溶液，所以被称为干法工艺向湿法工艺的回归。另外，在洁净间中导入含有颗粒的研磨液时，也遇到了很大的阻力。不过，我个人的看法是，晶圆制造中也曾使用过抛光机，半导体制造商也有过自产晶圆的时代，所以对上面的排斥也不应那么强烈。相反，正如 8-2 所述，使用 CMP 实现完全平坦化才是当务之急、重中之重。

CMP 设备示意图（图 8-3-1）

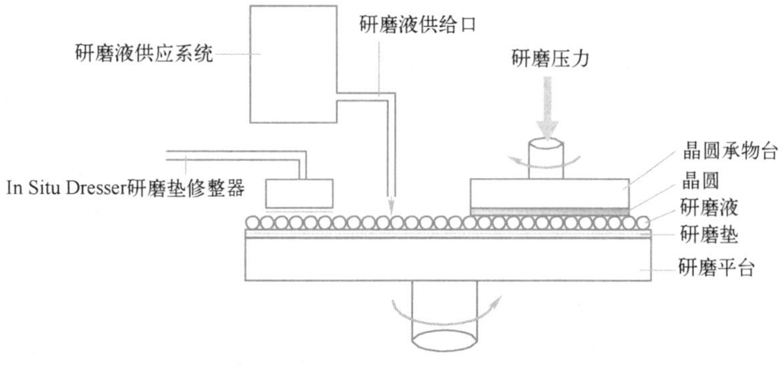

研磨液供应系统
研磨液供给口
研磨压力
In Situ Dresser研磨垫修整器
晶圆承物台
晶圆
研磨液
研磨垫
研磨平台

为了去除研磨液，必须有内建的（Built-In[㊀]）清洗装置。另外，CMP 设备最初计划

㊀ Built-In：这里是与 CMP 装置一体化的意思，也是 CMP 装置附带的。CMP 设备制造商一般提供整套方案。

有30家左右的公司参与，但现在已经形成垄断的局面。

与其他半导体工艺设备相比的CMP设备

CMP设备原理看似简单，但也有深奥的一面。特别是设备、设备周边的维护非常困难，消耗品等周边技术的市场规模与设备差不多。甚至要考虑到在生产现场进行各种技术改良。另一方面，干法刻蚀工艺和典型的真空工艺也有相似的一面，如图8-3-2所示，供大家参考。从这个切入点来看，前段制程的工艺设备可能有很多共同点。

与干法刻蚀设备相比的CMP设备（图8-3-2）

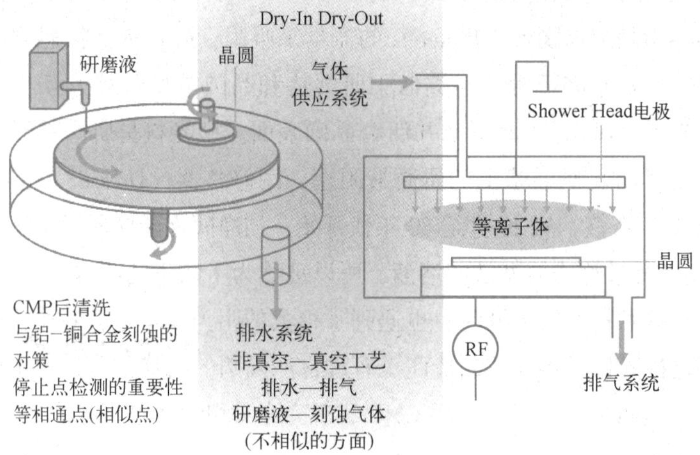

8-4 消耗品多的CMP工艺

CMP工艺有很多消耗品，例如研磨液、研磨垫、固定环、调节器等。从这个意义上来看，流程和设备的管理非常重要。

有什么样的消耗品？

如前文所述，CMP设备的原理虽然简单，但其特点是设备、设备周边涉及的人员庞大，耗材等周边技术市场也很大，这些和设备本身所需规模差不多了。在CMP设备中使用的消耗品有研磨液、研磨垫、修整器（调节器）、保持环㊀等。而且这些消耗品对 CMP 工艺的结果优化做出了巨大贡献。从历史上看，CMP 工艺是从 IBM 公司开始的，这些耗材也一直被美国的部件制造商垄断，期间也出现了很多问题。在这种情况下，日本的厂商卷土重来，研磨垫、研磨液等领域也有日本的大型化学企业加入了竞争，以下介绍研磨垫和研磨液的现状。

需要的性质是什么?

如图 8-4-1 所示，研磨垫有硬质垫和软质垫，也有两者组合使用的情况。对于研磨垫来说，最大的问题是使用寿命。通常，进行几百张左右晶圆的 CMP 就需要更换研磨垫。问题是更换比较麻烦，以及更换后要求的条件匹配都会占用时间。为了保持住研磨液，在研磨垫上刻上沟槽，甚至也有半导体制造商将沟槽的形状作为公司的 Know-How。另外，研磨垫和研磨液、调节器的配合度等也是难题。

垫的软硬的一般比较（图 8-4-1）

		软垫	硬垫
CMP速度		恒定	逐渐下降
晶圆间均匀性		良好	控制困难
平坦化范围		短	长
缺陷	缺陷凹陷	有	少
	划痕	少	有

注）关于凹陷和划痕请参照 8-7。

研磨液不仅是二氧化硅系的，市场上出现了各种各样的产品。根据进行 CMP 的材料，研磨液厂商配备了各式各样的系列产品，图 8-4-2 中对各种研磨液进行了比较。对于研磨液而言，成本是一个难题。在 CMP 中对选择比有要求，需要考虑化学作用和物理作用的平衡。

如前所述，前道工序的生产线上，CMP 装置通常是很多台一字排开，所以需要大量使用研磨液。因此，一般做法是按需调配研磨液，建立能提供新鲜状态研磨液的整体系统，这是使研磨液使用寿命延长所必需的。另外，也出现了提供这种系统的制造商。

㊀ 保持环：CMP 设备中放置在晶圆周围，使抛光垫接触晶圆中心，并保持周围均匀。

研磨液分类示例（图 8-4-2）

（1）按研磨液的材料分类

研磨液材料	被CMP材料
硅基（SiO_2）	Si，层间绝缘膜，多晶硅
锗基（GeO_2）	层间绝缘膜，STI
氧化铝（Al_2O_3）	层间绝缘膜、阻隔金属、Al、Cu、W氧化
二氧化锆（ZrO_2）	Si、ILD、Low-k膜
二氧化锰（MnO_2）	层间绝缘膜、阻隔金属、Al、Cu、W

（2）被CMP材料所需的试剂

被CMP材料	化学试剂
SiO_2	KOH、NH_4OH
W	KIO_3、$FeCN_3$、H_2O_2
Cu	商标化的试剂等

8-5 CMP的平坦化机理

CMP的工艺平坦化机理是物理作用和化学作用的融合，下面对此进行介绍。

普雷斯顿公式

CMP加工量可由普雷斯顿（Preston）公式算出（图8-5-1）。这是因为CMP速度与研磨的压力、研磨的相对速度（研磨垫和台板是相反方向旋转的，相对速度很快）、研磨时间成比例。比例常数η是根据加工条件而变化的，叫作Preston系数。但是不能随意地提高研磨压力和研磨速度，而是应该在规定的范围内。

Preston公式（图 8-5-1）

Preston公式

$$M = \eta \cdot p \cdot v \cdot t$$

M是加工量，p是加工压力，v是相对速度，t是加工时间
η是普雷斯顿系数，具体取决于加工条件

从提高CMP工艺的结果这一角度来看，如何保证晶圆面上的加压、晶圆与研磨垫之间研磨速度的均匀性是关键。当然，CMP的以上条件不必多说，也要考虑CMP设备的构

成和构造等，还有研磨垫和研磨液等消耗品的适应性等参数。从现状来看，要控制 CMP 的参数还是相当困难的。

▶▶ 实际的 CMP 机理

实际 CMP 中发生的情况如图 8-5-2 所示，是把前面提到的 Preston 公式和实际 CMP 的样子重叠在一起画出来的。为了方便起见，与图 8-3-1 不同，承台片（Platen）一侧画在了图的下方。p 是垫和压板之间的相对压力，相当于 Preston 式的研磨压力。v 是研磨垫和压板的相对速度。研磨液在图中的供给方向是从左到右（晶圆在研磨垫上从右向左移动），研磨压力使研磨液正下面产生应变能量，因此发生物理反应，同时包括研磨液中的试剂成分发生化学反应，反应的废弃物被清除到图 8-5-2 的右侧。像这样快速清除 CMP 废弃物也很重要，这与刻蚀需要迅速去除反应副产物是共通的。图中为了方便起见，只用一粒研磨液颗粒来描述，但是在实际的 CMP 工艺中，其实有数不清的研磨液颗粒真实存在。

CMP 的机理（图 8-5-2）

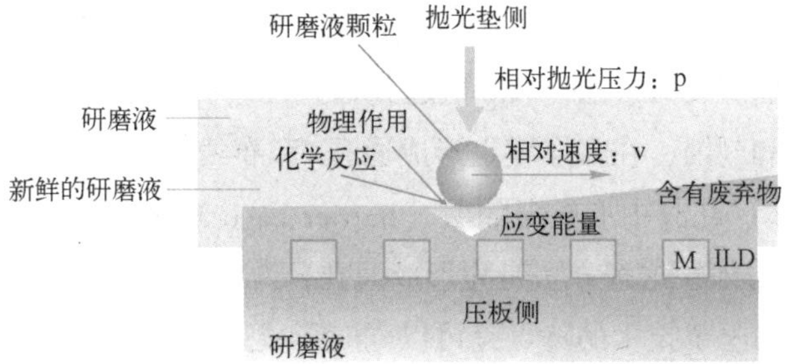

注）图中M是金属布线，ILD是层间绝缘膜（Interlayer Dielectrics）的缩写。

图 8-3-2 把干法刻蚀和 CMP 进行了比较，通过前面的机理图了解到，刻蚀和 CMP 的目的都是去除不必要的部分，这一点是共通的。刻蚀气体和研磨液其中所使用的物质是不同的，但其动作我觉得很相似。另外，反应生成物的去除很重要，由此产生的废气和废液的处理也很必要，这一点也很相似。在实际的工艺中，停止点检测是一个难点，这一点也很相似。

8-6 应用于 Cu/Low-k 的 CMP 工艺

在第 7 章成膜工艺中讲到过，Cu/Low-k 结构中 CMP 工艺是必不可少的，下面对其中的双大马士革技术进行说明。

双大马士革技术的背景

第 7 章的成膜工艺部分已经说明了需要 Cu/Low-k 的理由。以下描述的双大马士革技术很好地利用了 CMP 的特点，同时完美地弥补了金属铜的干法刻蚀困难的弱点。铝一直被用于 LSI 的布线，现在依然备受重视。可是从可靠性的观点来看铜更好，理应被使用，这样的观点很早就有了，有一段时间也采用添加一点铜进行铝布线的方法。但是，铜最大的瓶颈是干法刻蚀非常困难。于是，大马士革技术应运而生。该技术是事先在层间绝缘膜中形成过孔和布线的空间，然后在其中填上铜，再用 CMP 去除多余的铜，这应该算是一种“逆向思维”。7-6 举例说明了单大马士革技术。

双大马士革的流程是什么？

接下来对实际的双大马士革流程进行说明。实际上，该工艺流程在第 9 章 CMOS 工艺流程中介绍的多层布线技术流程中会有讲解。因为比较复杂，所以不仅在后面讲解，还在这里提前学习，请在第 9 章学习时再复习一次。用图 8-6-1 来说明，首先如图 8-6-1a 所示，在钨塞上用单大马士革法形成铜的第一层布线，在其上按顺序把 Cap 层和 Low-k 层两层堆叠起来，再在上面形成 Cap 层。Cap 层起到保护 Low-k 层的作用。然后如图 8-6-1b 所示，通过两次光刻和刻蚀，在多层膜上形成通孔㊀和布线（Cu 的第二层布线）的图形。

如图 8-6-1c 所示，在其中形成阻隔层（Barrier Layer）和铜种子层㊁并镀铜。最后将多余的铜进行 CMP。另外，这种方法是先形成通孔，所以被称为 Via First。

可以看出，双大马士革技术的特点是可以同时形成通孔和布线。之后也开始使用这种双大马士革技术，形成上层的铜布线。于是双大马士革技术成为先进 CMOS 数字电路的多层布线技术不可或缺的工艺。如图 8-6-2 所示，双大马士革技术与普通铝布线工艺的不同之处在于，前者的 CMP 表面是层间绝缘膜和铜膜混合在一起的。铝布线的情况则不同，它的 CMP 表面只有层间绝缘膜，需要更精细的 CMP 工艺。大马士革（Damascene）一词来源于大马士革地区的镶嵌装饰图案。

即使在已经实用化的现状下，也存在 8-7 中所述的图形依赖性问题。如图 8-6-3 所示，其中，侵蚀现象（Erosion）发生在图形密度高的地方，不需要 CMP 的部分（图中灰色部分）也会被 CMP。

㊀ 通孔：用于嵌入连接上下布线层的金属。

㊁ 阻隔层和铜种子层：旨在防止 Cu 扩散到层间绝缘膜，铜种子层是为了使 Cu 更容易电镀。

Cu 双大马士革工艺（以 Vir First 为例）(图 8-6-1)

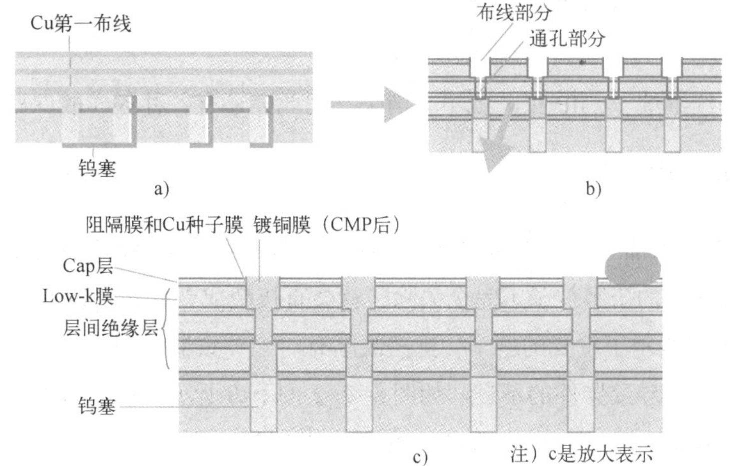

Cu/Low-k 结构的 CMP 的挑战之一（图 8-6-2）

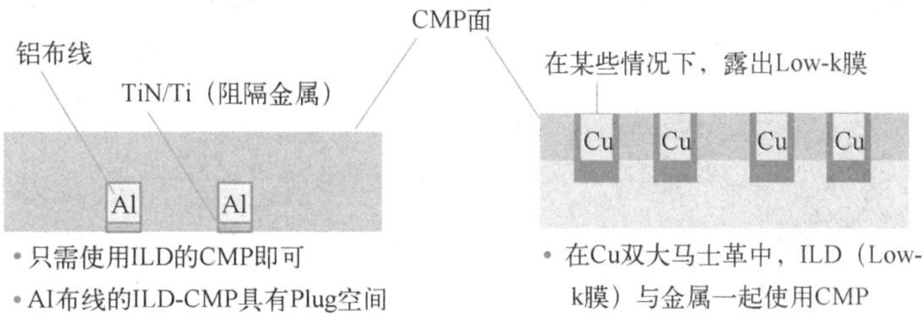

- 只需使用ILD的CMP即可
- Al布线的ILD-CMP具有Plug空间
- 在Cu双大马士革中，ILD（Low-k膜）与金属一起使用CMP

Cu/Low-k 结构 CMP 的挑战之二（图形依赖性）（图 8-6-3）

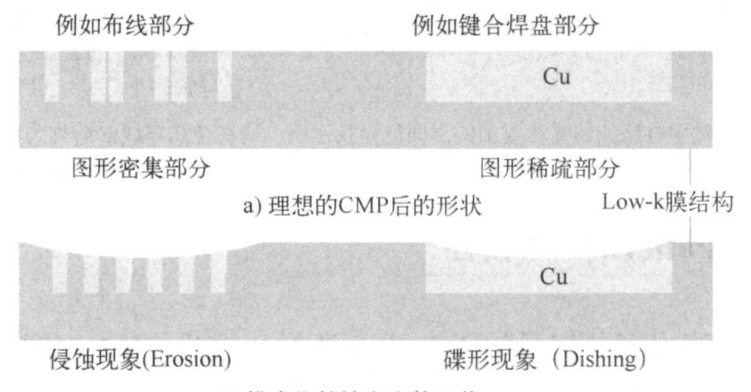

a) 理想的CMP后的形状

b) 模式依赖性发生的形状

8-7 课题堆积如山的CMP工艺

只要多层布线继续，CMP工艺就不会消失，因此，还有各种各样的课题。

CMP的缺陷是什么?

因为CMP是机械加工晶圆表面的工艺，所以处理不当反而会诱发基底形状的缺陷等。另外，如果研磨液中的研磨粒子不完全去除，就会直接变成颗粒，所以有时会对成品率产生影响。图8-7-1展示了主要的例子，这些缺陷有时会导致器件的不良。如果进行到之后的工艺，同样有可能导致器件的不良。如图8-7-2的下方所示，如果有钨塞形成前的微划痕存在并埋在钨膜中，再进行钨塞CMP，在那个微划痕上面就会形成钨条纹strap，在其上面的走线会发生短路的情况。

层间绝缘层CMP缺陷的主要示例（图8-7-1）

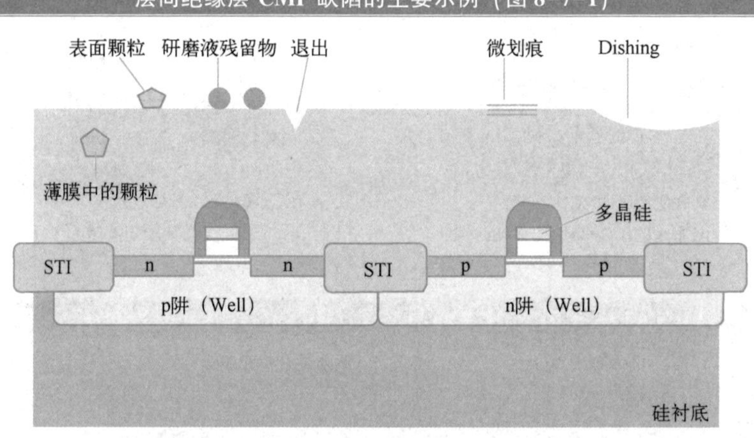

注）CMOS数字电路的钨塞形成前的层间绝缘膜示例。这在金属布线之前称为PMD。

CMP的图形（Pattern）依赖性

STI[⊖]的CMP中可能出现的例子如图8-7-3所示。这里CMP速度受图形的疏密影响，在图形密集的地方，会出现与铜CMP的Erosion（介质区的侵蚀）相反的CMP残余，在图形疏松的地方，会形成与铜CMP同样的凹陷，称为Discing（金属区的碟形缺陷）。像这

⊖ STI：Shallow Trench Isolation，一般简称浅槽隔离。嵌入在硅衬底上的绝缘膜，用于电气隔离晶体管和其他器件。

样根据 CMP 的材料，图形依赖性也有不同的情况。另一方面，如果只有像钨塞 CMP 这样的固定图形（过孔 Via Hole），就不太会发生这种情况。总之图形依赖性不仅存在于 CMP，在其他工艺中也很常见。

层间绝缘膜 CMP 缺陷引起的不良（图 8-7-2）

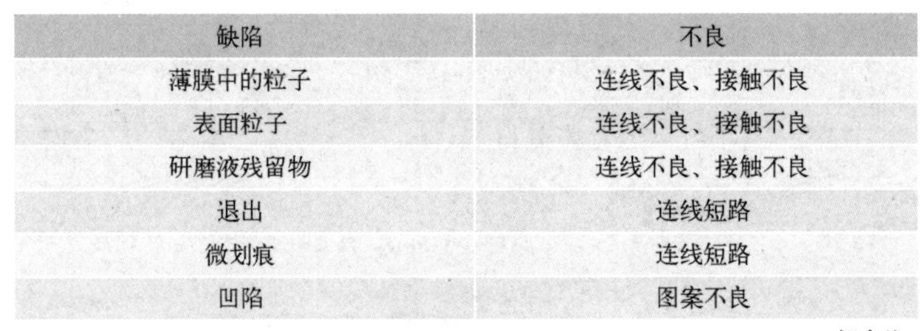

缺陷	不良
薄膜中的粒子	连线不良、接触不良
表面粒子	连线不良、接触不良
研磨液残留物	连线不良、接触不良
退出	连线短路
微划痕	连线短路
凹陷	图案不良

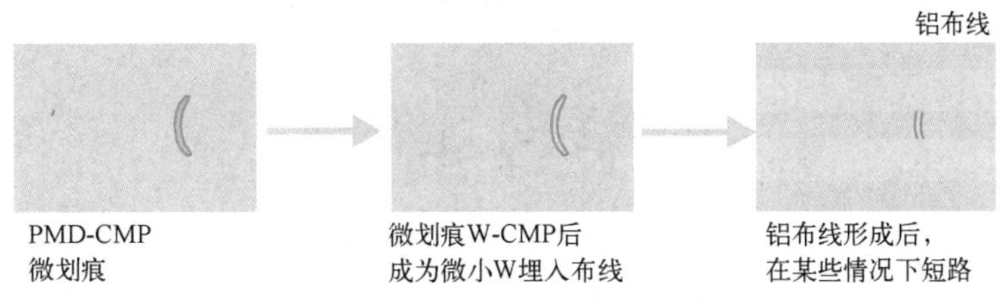

注）根据缺陷的发生场所→布线和接触孔以外的情况不会成为问题。

STI-CMP 的图形依赖性（图 8-7-3）

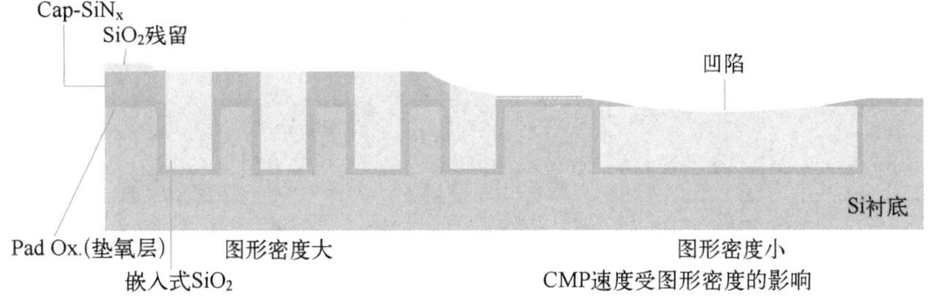

CHAPTER 9

第 9 章

CMOS 工艺流程

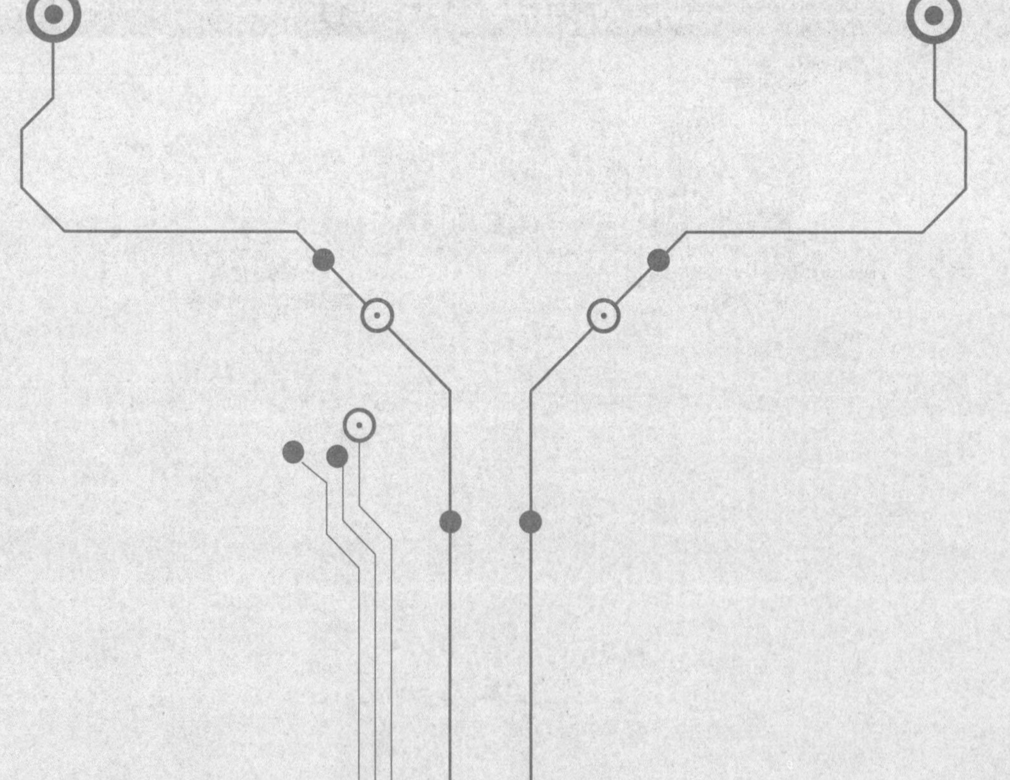

本章主要介绍逻辑 LSI 所使用的 CMOS 工艺的大致流程。由于篇幅所限，主要以前端工艺（Frontend）为主展开，我想大家可以借此理解工艺的概要。为了方便理解，会出现电路图和逻辑图，熟悉其内容的读者可以直接跳过这部分继续阅读。以下将按照“CMOS 结构形成”“晶体管形成”“电极形成”的顺序进行叙述。

9-1 什么是 CMOS?

CMOS 逻辑是采用如前所述的各种前段制程工艺组合搭配制作的。在正式开始介绍工艺流程之前，首先有必要了解一下 CMOS 是什么，当然，熟悉其内容的读者请直接跳过该部分。

CMOS 的必要性

可能有些读者对晶体管的工作原理并不是很了解，在此做简单的介绍。

晶体管工作的基础是开关功能。简而言之，就是接通和断开电流的功能。利用 MOS 晶体管的开关功能，形成数字电路的时候就自然离不开 CMOS。

图 9-1-1 所示为 CMOS 器件基本结构的剖面图，本章将以该图为基础进行阐述。也许还有人从未听说过元件隔离区和阱，这里将通过以下工艺流程进行说明。

CMOS 结构的剖面图（图 9-1-1）

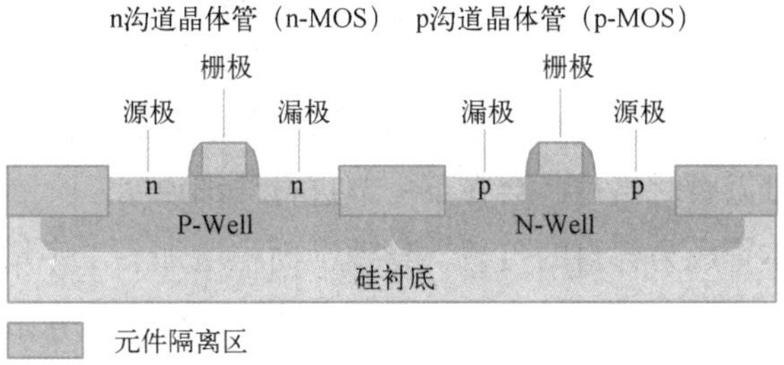

n沟道晶体管（n-MOS） p沟道晶体管（p-MOS）
栅极 栅极
源极 漏极 漏极 源极
n n p p
P-Well N-Well
硅衬底
元件隔离区

注）结构以示意图形式表示。实际器件的位置关系略有不同。

前面提到的开关功能是指能够“高速”接通和断开电流。在半导体出现之前使用的真空管也有开关功能，最初的计算机也是用真空管制造的。使用真空管会使计算机体积过大，而且发热过多，因为真空管中是采用热灯丝来产生电子的。

而且灯丝很容易断掉，这也很让人困扰。这些难题成为我们钻研半导体技术来组建计算机的动力。

众所周知，计算机是用二进制进行数字处理的，所以MOS晶体管的开关功能是必不可少的。这种数字处理技术从巨大的计算机等产业机器，逐渐普及到微型计算机、PC、智能手机等，最终演变成为个人应用。至此，数字家电、数字移动设备已经和我们的生活密不可分，成为生活的必需品。

除了高速化需求之外，还有另外一个需求。大家身边的数码设备对便携化的要求不断提高。而便携化要求电池的寿命更长，从半导体的视角来看，则是如何通过半导体器件让便携设备做到更加“省电化”。

这样一来，充电后的使用时间就会增加，可见CMOS化是必不可少的，后面会对此进行技术上的说明。

CMOS的基本结构

对于不了解半导体器件的读者来说，接下来的内容可能会有些困难，但我会尽量简单进行介绍。

CMOS是Complementary MOS的缩写，翻译为互补型MOS。其本质是n沟道MOS晶体管和p沟道MOS晶体管组合一起使用，并且彼此成为对方的负载电阻，从而在工作时实现省电的目的。

电路图如图9-1-2所示。图中n沟道MOS晶体管（后面简称n-MOS晶体管）和p沟道MOS晶体管（后面简称p-MOS晶体管）的漏极（D）连接到一起。前者的源极（S）连接到地线，后者的源极（S）连接到电源。两者的漏极成为共同的输出（Out）端子。输入（In）端子为两个晶体管的栅极电压。“n沟道MOS晶体管和p沟道MOS晶体管组合起来使用，并且彼此成为对方的负载电阻”，这样的描述可能一时还让人有点摸不着头脑。没关系，这一点大家可以暂时略过，会在下一节进行详细说明。

为了使彼此的晶体管成为各自的负载，导致了面积增加、工序增加等问题。为此，现在采用双阱工艺加以解决，双阱工艺将在后面的工艺流程中进行介绍。

CMOS的想法早在1963年就被RCA公司的研究人员提出了。但是，在制造工艺上一直无法实现，实际应用是在20世纪70年代以后。另外，CMOS的制作方法也可以采用单阱工艺，但现在的主流是双阱工艺，我想这是随着高能量离子注入技术的发展，进而可以通过高能量把杂质离子注入晶圆而带来的结果。

在此之前，只能采用长时间将杂质深度扩散的方法。现在采用高能量离子注入技术可以很容易地制造双阱，因此双阱成为主流。本书将以主流的双阱为例进行说明。

CMOS 反相器电路（图 9-1-2）

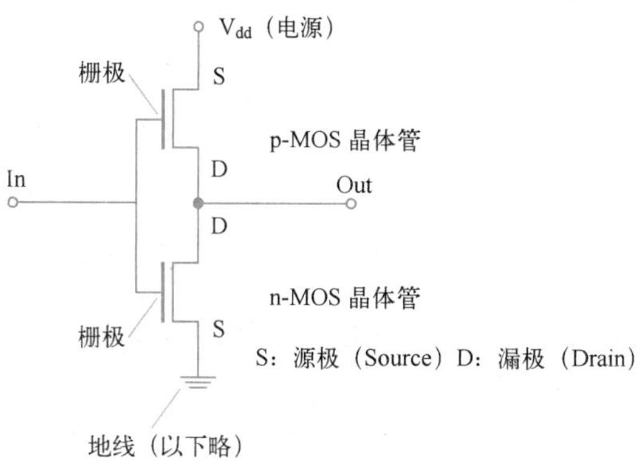

注）上图相当于将图9-1-1逆时针旋转90°。

9-2 CMOS 的效果

CMOS 的代表性应用电路是反相器（Inverter），下面我们对此进行介绍。简单来说，反相器用于“1→0”或“0→1”的变换。

什么是反相器？

反相器是构成数字 LSI 的基本门电路之一，基本门电路用于进行数字信号的转换。

Inverter 这个术语也广泛应用于功率半导体领域，我们习惯称其为逆变器。意思是将交流电转换为直流电，或者将直流电转换为交流电。由此可见，即使是同一个术语，由于所用领域不同，也会有不同的含义，半导体领域中此类情况亦时有出现。

在这里，笔者用自己的语言来介绍一下“信号的转换”。

众所周知，采用电子器件构成的数字电路使用二进制。举例来说，在十进制中，数字有 0、1、2、3……，但是在二进制中，以上数字用 0，1，10，11……来代替。

电子器件只能形成电压相对高的状态（High）和电压相对低的状态（Low），所以必然只能用二进制表示。

在这里用 1 表示电压高的状态，用 0 表示电压低的状态，这些都来自半导体数字技术的规定。以此来构建数字电路的时候，有时需要从 1 到 0 的转换，或者从 0 到 1 的转换。这种作用在数字技术领域被称为“反相器”。

CMOS 反相器的工作原理

以下对典型的反相器也就是 CMOS 反相器的工作原理进行说明。

首先，CMOS 是什么？从图 9-2-1 的左侧来看，CMOS 是将 n-MOS 晶体管和 p-MOS 晶体管的栅极和漏极分别连到一起的组合构造，栅极连在一起构成输入、漏极连在一起构成输出。上述电压高的状态（High）为电源（V_{dd}），低的状态（Low）为地线。

CMOS 基本门的工作原理一（图 9-2-1）

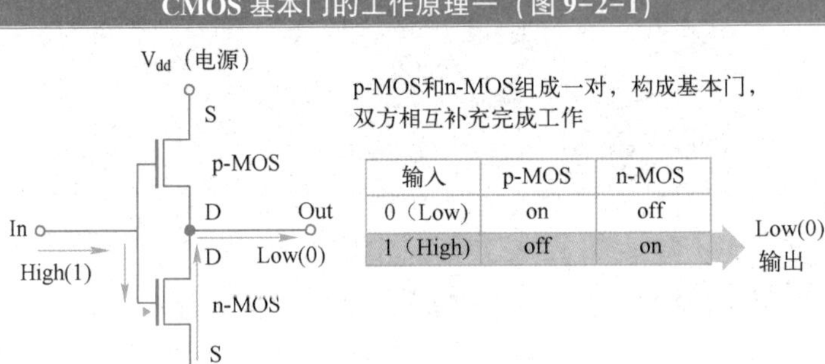

输入	p-MOS	n-MOS
0（Low）	on	off
1（High）	off	on

此外，p-MOS 晶体管的源极连接到电源（V_{dd}），n-MOS 晶体管的源极连接到地线。

如上所述，关键之处是把 n-MOS 晶体管（以下简称 n-MOS）和 p-MOS 晶体管（以下简称为 p-MOS）的栅极和漏极分别连到一起的组合结构，如图 9-2-1 所示，在输入上施加 1（高电压）的时候，基于 MOS 晶体管的工作原理可知：只有 n-MOS 导通，p-MOS 保持关断状态。

因此，图中地线上的电压（低电压；0）从 n-MOS 的源极输出到漏极。具体参见图 9-2-1 中右表所示的转换。

相反的情况如图 9-2-2 所示，在输入上施加 0（较低的电压）的时候，p-MOS 导通，n-MOS 保持关断状态。因此，在图中 V_{dd}上的电压（高电压；1）从 p-MOS 的源极输出到漏极，参见图 9-2-2 中右表所示的转换。为此，通过以上两种情况说明了反相器的工作原理。

由于篇幅的关系，在此只做了简单的介绍，有兴趣的读者可以参考介绍半导体器件工作原理的书。

笔者在《图解入门——功率半导体的构造和原理（第 2 版）》中，对 MOS 晶体管的工作原理做了一些讲解，在介绍功率半导体的时候，也对反相器略有叙述，大家如有需要，敬请参阅。

CMOS 基本门的工作原理二（图 9-2-2）

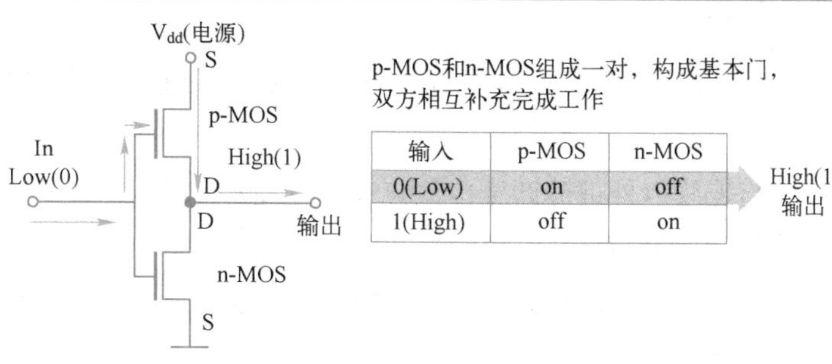

输入	p-MOS	n-MOS
0(Low)	on	off
1(High)	off	on

另一方面，如果不采用 CMOS 结构，如图 9-2-3 所示，可以使用高电阻（RL）代替 p-MOS。也就是说，“1→0”变换时与图 9-2-1 相同，输出 Low（0）。但“0→1”变换时，n-MOS 关断，因此从 V_{dd}向电阻 RL 输出电流，输出变为 High（1）。这时流过电阻的负载电流会造成能量损耗。其原因是因为电流流过电阻，所以损耗变大，无法进行低电压工作。反之，在 CMOS 结构中采用 n-MOS、p-MOS 时，其工作时的电阻（在此称为导通电阻）很小，所以 CMOS 的损耗更小。

CMOS 以外的基本门的原理（图 9-2-3）

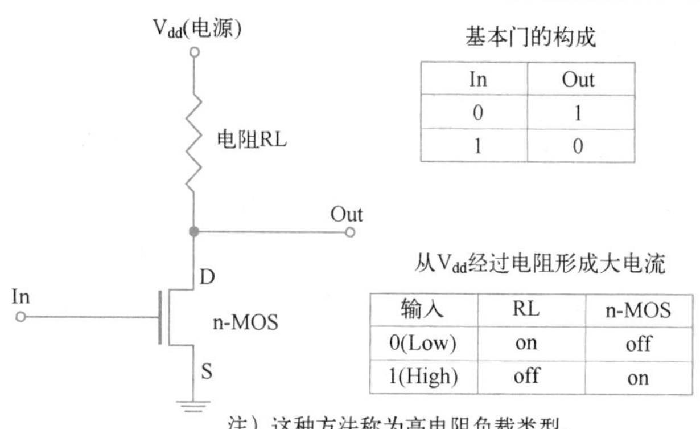

In	Out
0	1
1	0

输入	RL	n-MOS
0(Low)	on	off
1(High)	off	on

注）这种方法称为高电阻负载类型。

综上所述，简单地介绍了如何使用 CMOS 反相器进行“信号的转换”。

9-3 CMOS 结构制造（之一）器件间隔离区域

接下来，我们将介绍器件隔离区域的形成工艺，该工艺是制造 CMOS 结构的基础。器件在这里表示晶体管本身，隔离区域用来对其进行划分。

什么是器件间隔离？

LSI是晶体管等各种半导体器件的集合体，通过布置好的连线，需要的信号互相传输完成各种各样的功能。

但是，各个元件与连线以外部分产生电气连接会引起误动作[⊖]，所以必须使各器件之间的电气绝缘，这被称为器件间隔离。

以下比喻可能有点牵强，我们可以把器件间隔离想象为家中各个房间之间的隔断，也可以想象为田野中的田埂小道。

从LOCOS到STI

以前主要采用LOCOS（Local Oxidation of Silicon）的方法，通常称为局部硅氧化隔离。

该方法只是对硅晶圆表面的必要位置进行比较厚氧化，以便邻接元件绝缘。这种方法在氧化工艺中，不仅在晶片的厚度方向上，而且在横向方向上也会进行氧化，所以不能满足微细化的要求。

因此，采用STI（Shallow Trench Isolation）工艺代替。我们通常称该工艺为“浅槽[⊖]隔离”，以下对该工艺进行说明。

实际的流程是什么？

首先，如图9-3-1所示，对硅片充分清洗后，形成垫氧化层和作为氧化掩膜的氮化硅层。

元件隔离区域形成-浅槽隔离（图9-3-1）

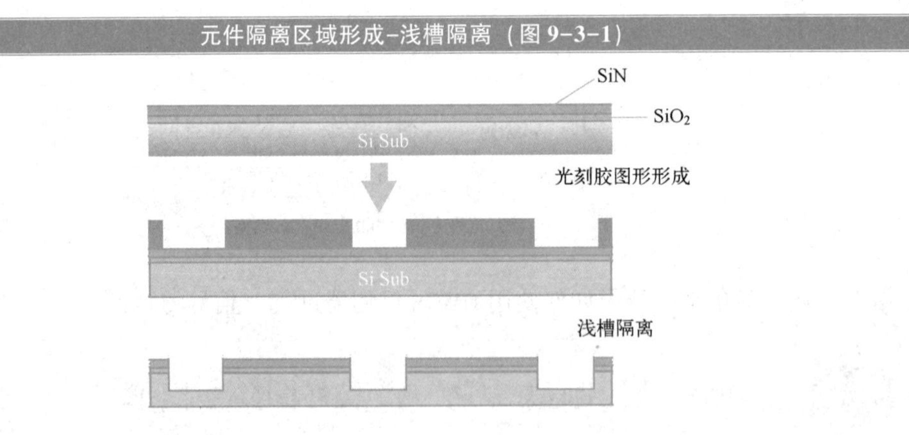

⊖ 误动作：造成这种情况的原因称为寄生器件。

⊖ 浅槽：DRAM等电路中的电容膜为了增大面积，做成了深槽。与之对应的深度较浅，故称为浅槽。

垫氧化层也起到缓和硅衬底和氮化硅层之间应力的作用。前者非常薄，只有几 nm 的厚度，后者有数百 nm 的厚度，采用 LPCVD 方法形成。

然后用光刻法形成光刻胶图形，用刻蚀法在 STI 区域形成浅沟槽。如图 9-3-2 所示，在该沟道区域用沉积性能好的 CVD 法形成沉积氧化膜。

元件隔离区域形成-埋入氧化膜形成（图 9-3-2）

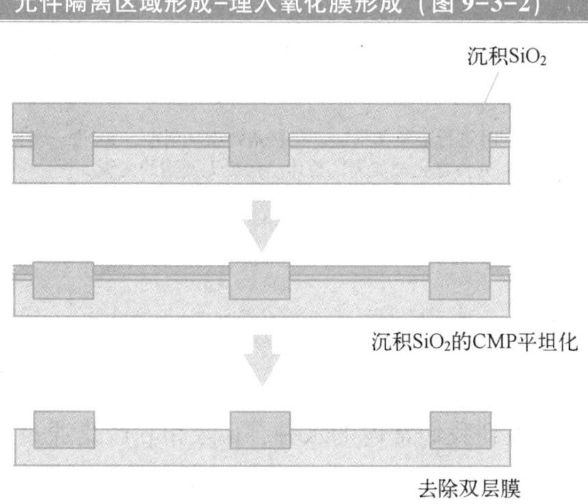

注）为了易于理解，图中垂直和水平比例不准确。

之后通过 CMP 工艺去除多余的沉积氧化层，只保留浅沟槽中的氧化层。此时，氮化硅层也成为 CMP 工艺的停止层（Stopper）最后去除作为氧化掩膜的氮化硅层，该工作通过使用化学试剂的“湿法刻蚀”工艺完成。

在上述工艺流程中，请大家试着数一下各基本工艺（图中未包括清洗工艺）按顺序被使用了多少次。例如成膜工艺被使用了 2 次。从中可以了解到，正如 1-3 所述，前段制程是反复进行各基本工艺的“循环型”工艺。

间隙填充的沉积技术

在 8-1 中，把毫无缝隙地完成布线之间填充的成膜工艺称为间隙填充（Gap-Fill）工艺。STI 的氧化层沉积也需要间隙填充工艺，从而无间隙地填充硅的凹槽。8-1 限于篇幅未能详细说明，在此做简要介绍。

图 9-3-3 表明了这种具有代表性的方法，具体来说就是成膜和刻蚀同时进行的方法。如图所示，成膜整体上是膜的生长（虽然存在台阶覆盖的问题）。但是如图所示通过离子的刻蚀（称为溅射刻蚀），转角处的刻蚀速率比平坦部分高，所以转角处被刻蚀掉，这样

就可以避免在间隙入口处产生夹断现象，导致间隙填充中的孔洞。最终毫无缝隙地完成薄膜沉积，该工艺称为Gap-Fill。

间隙填充沉积示例（图9-3-3）

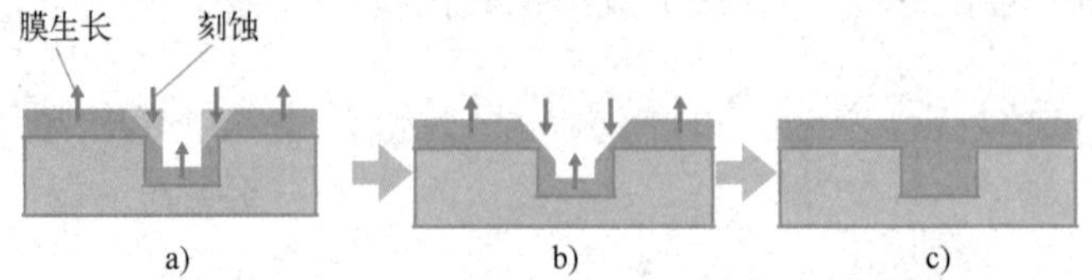

注）同时进行成膜和刻蚀，在转角处增加刻蚀。a) 进一步推进时；
b) 开口在顶部扩大，整体上形成无间隙的成膜。
c) 完成。

9-4 CMOS结构制造（之二）阱形成

Well（简称阱）可联想到我们常说的水井，n区和p区是通过双阱连接到一起的。

什么是阱?

如前所述，阱在英文中采用和水井相同的单词。因为在工艺流程中会形成n型、p型杂质的深的扩散区，所以才有了这个名字。正如第1章所述，硅圆片根据预先放入的杂质的种类，分为n型和p型硅圆片。前者以电子为多数载流子，后者以空穴为多数载流子。

但是，硅圆片本身的杂质浓度和阱所需的杂质浓度是不一样的，所以不依赖于硅圆片本身的杂质种类，通常额外形成n型和p型的阱区，我们称为双阱。

前面我们用公寓来形象地比喻了器件之间的隔离，此处不妨再做一点引申，双阱就像相邻的房间，一间是西式房间，另一间是日式房间，要分别使用。

实际的流程是什么样?

因为要制作n型和p型的阱，所以要根据杂质的类型，在相应区域注入离子。这里所需要的光刻，如图所示，采用简单的图形就可以。

首先，如图9-4-1所示，在硅晶圆上形成薄的牺牲氧化层，这里采用热氧化工艺。

这个牺牲氧化层的作用，是在离子注入法形成阱的时候用来调整离子注入深度。然后如图 9-4-1 所示，通过光刻工艺在 p 阱区域上方覆盖光刻胶，随后在 n 阱区域采用离子注入工艺注入 n 型杂质。

阱形成 N-Well 区域（图 9-4-1）

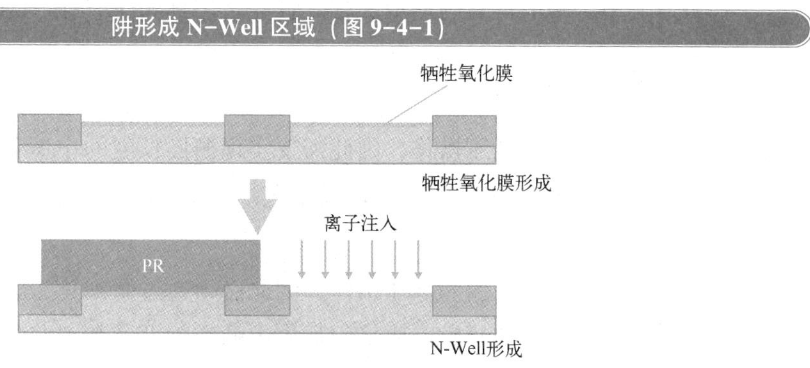

离子被注入硅晶圆。但是不会被注入 STI 区域。

如前所述，由于漏极中需要注入较高浓度的杂质，所以使用高能量型离子注入设备。4-3 中介绍过各种离子注入方法，大家应该能够理解该步骤。接下来通过灰化（Ashing）来移除不需要的光刻胶。

如图 9-4-2 所示，通过光刻工艺在 n 阱区域上覆盖光刻胶，进而在希望成为 p 阱的区域注入离子 p 型杂质。同样使用高能量型的离子注入装置。之后通过灰化去除不需要的光刻胶，再除去牺牲氧化膜。然后把 n 型和 p 型阱区域退火激活，最终形成双阱。

阱形成 P-Well 区域（图 9-4-2）

注）阱的类型在图中大写，是为了区分9-6的n-MOS和p-MOS。

9-5 晶体管形成（之一）栅极形成

下面将分两节讲解晶体管的形成流程。首先是堪称 MOS 晶体管生命的栅极形成。

▶▶ 什么是栅极？

尖端逻辑需要高速和低压操作，因此需要实现栅极长度的小型化。在光刻过程中形成栅电极图案时，使用最先进的光刻安装和工艺。在光刻术语中，这种最先进的模式称为“关键层”。

先进的数字电路需要高速和低压工作，因此必须通过微细化工艺减小栅极长度。在用光刻工艺形成栅电极图形的时候，要采用最先进的光刻设备和工艺。这种最先进技术所能产生的图形，在光刻技术的术语中称为关键层（Critical Layer）。

▶▶ 自对准工艺

在晶体管形成过程中，栅极的形成是在源漏极形成之前完成的。如第 7 章图 7-9-1 所示，这是为了利用自对准工艺形成源漏极。通过使用自对准工艺，可以省略一道光刻工序，从而降低成本。

▶▶ 实际的流程是什么样？

如图 9-5-1 所示，首先形成栅氧化层、作为栅极材料的多晶硅层，以及金属硅化物（Silicide）层的多层膜。图中过于复杂，所以用单层来表示。

栅极形成（之一）(图 9-5-1)

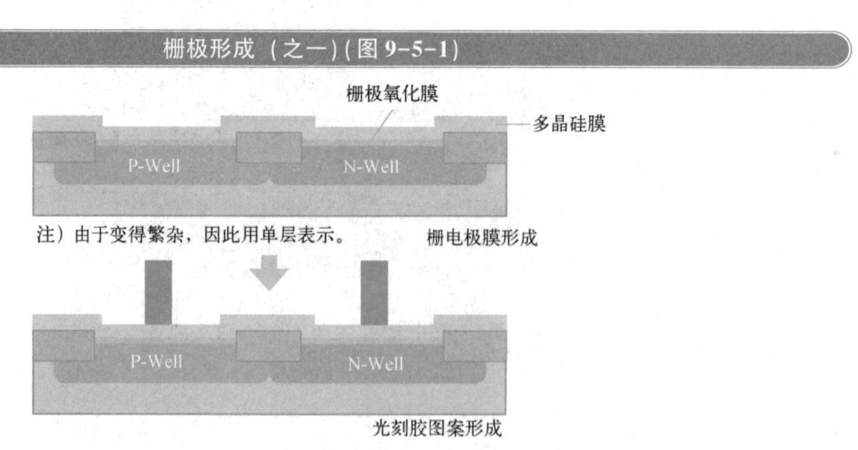

另外，这种积层膜被称为聚合膜。本书也会使用这个名称。这是采用减压 CVD 法形成的。也有只形成多晶硅膜，之后使用硅化物工艺[㊀]（Salicide Process），成为多晶硅膜的层叠结构的情况。然后用光刻法对栅电极进行阻挡涂改。如图 9-5-2 所示，用这个光刻胶对多晶硅膜进行干法刻蚀，用去光阻工艺去除不需要的光刻胶。

栅极形成（之二）侧壁形成（图 9-5-2）

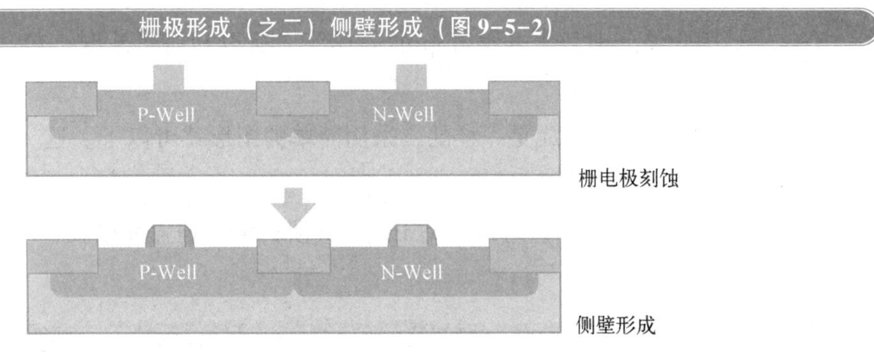

如图 9-5-2 所示，利用光刻胶作为掩膜，用干法刻蚀去除 Polyside 膜，再用灰化工艺去除不需要的光刻胶。

很显然，采用各向异性刻蚀不会改变光刻尺寸，并且对底层的氧化硅层刻蚀具有很高的选择比，这正是我们所希望的。这些是为了后续在栅极周围形成晶体管源漏极的时候，避免对硅氧化膜表面造成损害。

之后用等离子 CVD 法形成氧化硅层，自对准的在栅电极两侧形成 LDD 膜。其原理比较复杂，主要原因是要缓和晶体管中微细尺寸的栅电极附近的电场。

9-6 晶体管形成（之二）源极/漏极

本节介绍晶体管制造流程中的源极和漏极的形成，主要采用离子注入和热处理工艺。

什么是源极和漏极？

MOS 晶体管通过施加到栅极的电压（无论是 n 型还是 p 型）执行开关操作，以打开

㊀ 硅化物工艺：硅化物膜金属和硅化合物膜。

和关闭源和漏极之间的电流。换句话说，源和漏极是晶体管的重要组成部分。

MOS 晶体管无论是 n 型还是 p 型，都是通过施加到栅电极上的电压，进行开关操作，使源漏极之间的电流通断。换句话说，源和漏极是晶体管的重要组成部分。

实际流程是什么样？

在这里，因为要分别制作 n 型和 p 型晶体管，所以和阱形成时一样，根据杂质的类型，注入所需离子。

这里需要的光刻和阱形成是一样的，采用简单的图形就可以了。这一点与前一节的栅极形成过程不同。

首先，如图 9-6-1 所示，通过光刻工艺在 n 阱区域上覆盖光刻胶，并将 n 型杂质离子注入 p 阱区域。

源和漏极形成（之一）-n 沟道晶体管形成（图 9-6-1）

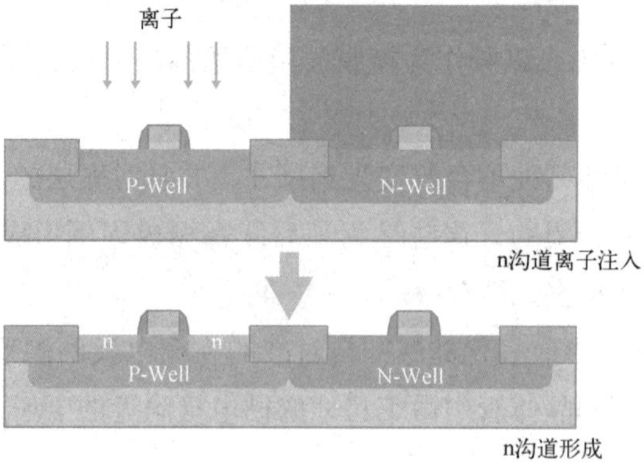

像这样在源漏极中注入与阱相反类型的杂质，此时栅电极成为掩膜，源漏极被分离。这也是自对准工艺中的步骤之一。

此外，源漏极根据 Scale 规则要求，需要极浅的注入离子。源漏极要注入高浓度的杂质，所以要使用高电流型的离子注入设备，然后通过灰化去除不需要的光刻胶。

如图 9-6-2 所示，这次反过来在 p 阱区域上通过光刻工艺覆盖光刻胶，向 n 阱区域注入离子 p 型杂质。此时栅电极也同样成为掩膜，通过自对准分离源漏极。

通过灰化去除光刻胶之后，退火激活形成 n 型和 p 型晶体管的源漏极区域。

源和漏极形成（之二）-p 沟道晶体管形成（图 9-6-2）

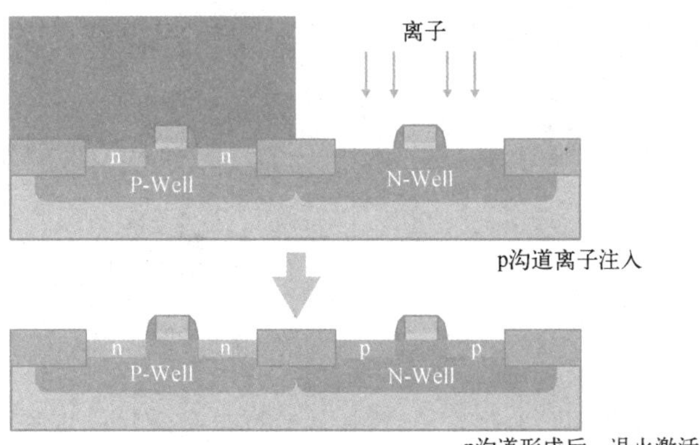

9-7 电极形成（钨塞形成）

至此已经介绍完晶体管的制造工艺，接下来要讲解把这些晶体管互连起来的电极形成工艺。先进逻辑电路采用 W-Plug（钨塞）的方法。

什么是钨塞?

在 7-1 中表示 LSI 的剖面图时，提到了钨塞（W-Plug）这一专业术语。也有写成 Tungsten Plug 的，一般称为钨塞。W 是钨的元素符号。钨塞这个术语从 1990 年开始使用，可能因为源漏极和接触（Contact）构成一个 W 的形状，看起来很像电源插座的插头（Plug），正如后面流程所展示的剖面图那样。

实际流程是什么样?

如图 9-7-1 所示，用等离子体 CVD 等方法形成刻蚀停止层和隔离层。通常使用氧化硅膜等。由于隔离层是金属布线层形成之前的绝缘层，所以称为 PMD（Pre Metal Dielectrics）。

此时，受到栅电极的影响，其上部的形状如图所示多少会产生一些凸起，用 CMP 工艺使隔离层平坦化。

如图 9-7-2 所示，用光刻法形成接触孔的图形，此处限于篇幅其步骤有所省略。在这里要注意的是微细尺寸的源漏极和接触（Contact）必须连接上，而且需要采取最小的布线间距。所以光刻工艺和 9-5 一样成为关键层（Critical Layer）。另外，与源漏极进行接触的孔（Hole）称为接触孔（Contact Hole）。

钨塞形成（之一）–PMD膜形成（图9-7-1）

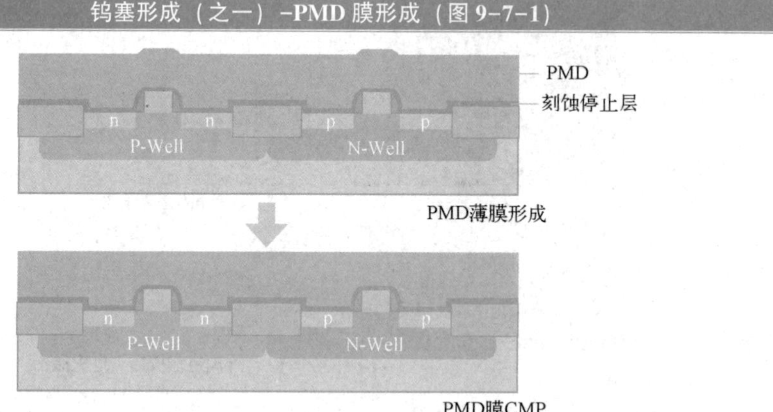

钨塞形成（之二）–接触孔形成（图9-7-2）

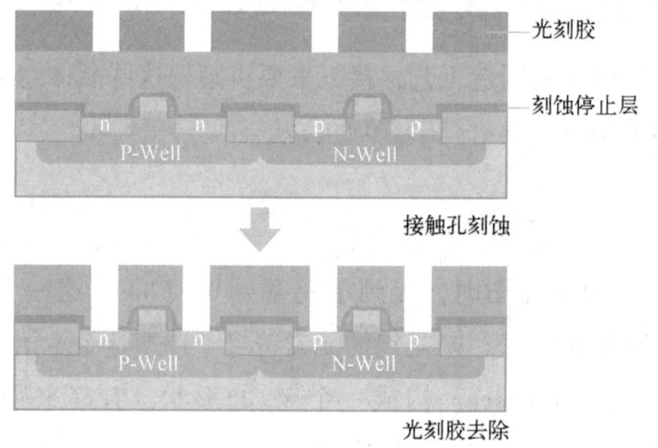

用该光刻胶作为掩膜来刻蚀隔离层，穿透形成接触孔。该刻蚀也是将微小接触孔与基底通过选择比进行各向异性刻蚀，因此要使用最新的刻蚀设备，也要有刻蚀的停止层。最后，通过灰化去除不需要的光刻胶。

接下来如图9-7-3所示，在接触孔内形成TiN/Ti等黏附层（Glue Layer）和覆盖钨层（Blanket W）。另外，黏附层的作用是像胶水一样，把隔离层和钨膜更好地黏接到一起。黏附层是用溅射工艺（7-6）生成的，覆盖式W膜一般是采用CVD法（7-5）形成的。

有一种叫作集群工具（Cluster Tool）的设备，可以方便地制备这样的连续膜。

最后，如图9-7-3所示，通过CMP工艺去除PMD上多余的钨层和黏附层，就可以实现钨塞。

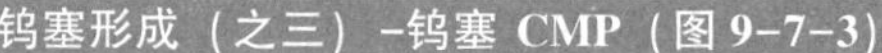
钨塞形成（之三）-钨塞 CMP（图 9-7-3）

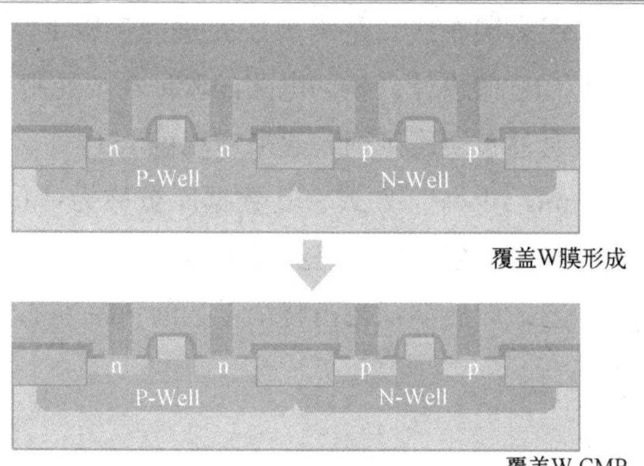

另外，我想谈一下演讲中经常被问到的问题：原来是这样啊，我们已经理解了源漏极的电极接触孔的形成，那么栅电极的导通孔又是怎样形成的呢？

这是个很好的问题，答案是"那个孔在这里所示的剖面图的更深处形成"。当然，与源漏极的接触孔同时形成。

被称为循环型的原因

如上所述，看到前端工艺的流程，相信大家已经明白了第 3 章到第 8 章中提到的各种基本工艺会多次出现。这就是笔者在第 1 章中提到的前端制程可以看作是循环型工艺的原因。

9-8 后端工艺

CPU[㊀]、MPU[㊁]等执行程序指令的 CMOSLSI 被称为逻辑集成电路，先进逻辑集成电路的布线层达到 10 层以上。在此，将对其必要性进行介绍，并开始接触被称为后端工艺的半导体制造流程。

为什么需要多层布线？

到现在为止按顺序说明了制作 CMOS 结构的前端（Front End）工艺流程，接下来讲解

㊀ CPU：Central Processing Unit（中央处理器）的缩写。

㊁ MPU：Micro Processing Unit（微处理器）的缩写，可以认为和 CPU 大致相同。

的是后端（Back End）工艺流程。但是，由于是同一个工艺的继续，所以只介绍具有代表性的部分。首先，之所以采用多层布线，是因为在先进的逻辑 IC 中，把已经验证完成的 IP[⊖]进行整合，进而完成数字 IC 的设计。新的电路的验证需要花费大量的时间，所以，通常是把各种各样的电路模块通过布线连接到一起来实现该 LSI。

这种方法被称为“Building Block”方式，其数据库被称为“Library”，非常有用。如此一来，电路必然是层次结构，多层布线也是必要的。

实际上，多层布线的工艺，即后端工艺占整个工艺的70%左右。当然，布线多对成本有影响，对功耗也会有影响。

多层布线的实际情况

按照后端工艺的顺序来说明，最下面的局部布线、中间布线、半全局布线、全局布线，层级逐渐上升。

在第 7 章的成膜工艺中提到了布线延迟的问题，所以使用铜布线。但并非全部使用铜布线，也有半全局布线和全局布线使用铝布线的情况。

另外，在第 10 章引线键合中，介绍了一直以来使用的是铝电极，所以最上层的金属布线也采用铝。

以上所述的多层布线结构如图 9-8-1 所示。这是在图 1-4-1 的基础上添加了布线的层级名称。

如第 7 章和第 8 章所述，这些多层布线结构采用 Cu 布线，即 Cu 双大马士革（Dual Damascene Process）工艺制作而成。双大马士革工艺是利用镀铜和 CMP 同时制造铜通孔（Cu-Plug）和布线的工艺。

流程如图 9-8-2 所示。另外，Cu 第 1 层布线是用单大马士革工艺形成的，请参阅 7-6。整体工艺流程在前面的 8-6 中进行了说明，在此省略。最好能重新浏览一遍，看一看前端工艺是如何与后端工艺相互衔接的。

再重复一遍，上图中 Cu 第 1 层布线采用 7-6 中所述的单大马士革工艺形成。其上层的 Cu 通孔和第 2 层布线如图 9-8-2 所示，同时开孔、同时镀铜、不需要的部分采用铜 CMP 工艺去除。这样同时形成铜通孔和布线，所以称为双大马士革工艺。其他更上层的布线也同样使用这个双大马士革工艺制成，并形成了图 9-8-1 的结构。

⊖ IP：Intellecture Proterty（知识产权核）的缩写。这里也可认为是广泛的知识产权。

多层布线的示意图（图 9-8-1）

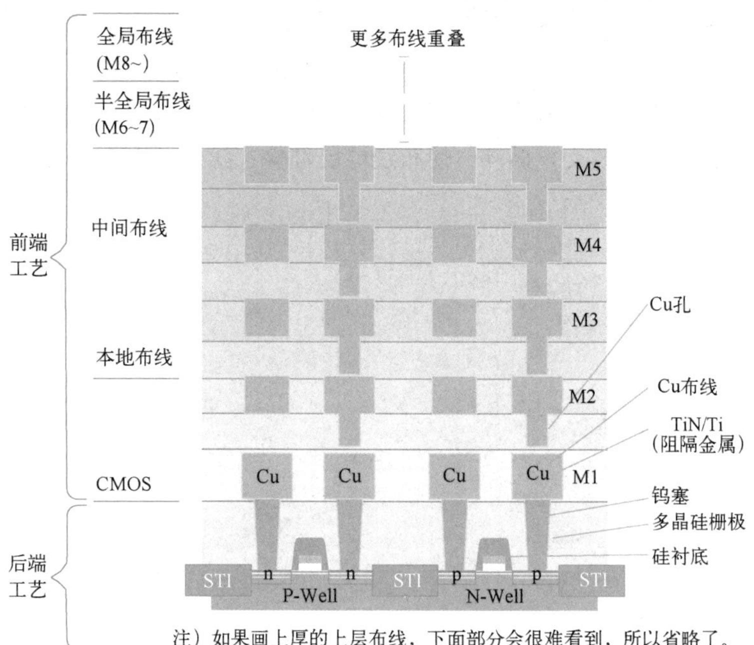

注）如果画上厚的上层布线，下面部分会很难看到，所以省略了。

后端工艺的工艺流程-Cu 双大马士革工艺（Via First 示例）(图 9-8-2)

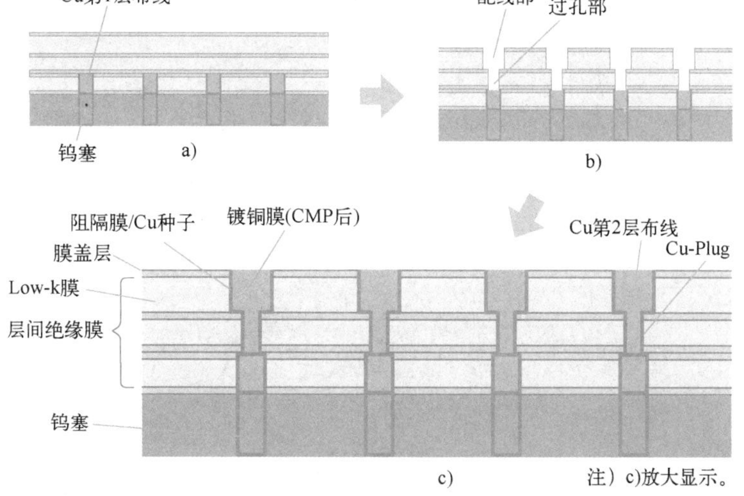

注）c)放大显示。

如前所述，后端的过程包括成膜、光刻、定影、成膜、CMP，以及其间的清洗等，除了离子注入和热处理之外，还要反复进行其他过程，层层叠加布线。我想可以再次理解前一道工序是循环型的过程。

如前所述，后端工艺包括成膜、光刻、刻蚀、CMP，以及其间的清洗等，除了离子注入和热处理之外，其他工艺反复循环，使布线层层堆叠。我想可以再次理解前段制程是循环型的工艺。

CHAPTER 10

第 10 章

后段制程工艺概述

本章将按照工艺流程，具体介绍从晶圆测试到最终检查的后段制程工艺。因为后段制程的对象不只是硅晶圆，所以是和前段制程完全不同的工艺。

10-1 去除不良品的晶圆测试

即使前道工序做得非常认真，最终晶圆上的芯片还是会有不良品的。这些不良品需要通过晶圆测试（Probing，也称 CP 测试）来去除。

淘汰不良品的意义是什么?

前段制程结束后，晶圆上会制造出大量的芯片（也就是 LSI），然后进入后段制程。减小芯片尺寸意味着可以从一张晶圆上获得更多数量的芯片，单张晶圆上制造出大量芯片可以降低芯片的成本，但是，如果将有缺陷的产品放行到后续工艺则毫无价值。所以，必须判定经过了前段制程的芯片到底是合格品还是不合格品。换句话说，它的作用是给进入后段制程的芯片发一个通行证。我们称为 KGD[㊀]。当然，也要在有缺陷的产品上打个标记（参见图 10-4-1）。

什么是晶圆测试?

晶圆测试一词来源于英文的 Probe（探查的意思）。晶圆测试使用称为探针台（Prober）的设备来完成，设备上装有探针卡，探针卡上有很多导电的探针。探针卡如图 10-1-1 所示，每一种 LSI 芯片都需要一个专用的探针卡，要咨询探针卡制造商来定制。LSI 芯片上面有焊盘[㊁]，探针会竖起来扎到这个焊盘上来进行测试。由于每一种 LSI 焊盘的数量和位置都不尽相同，因此需要专用探针卡。

探针卡（图 10-1-1）

㊀ KGD：Known Good Die 的缩写。

㊁ 焊盘：能够让探针接触的端子，面积要足够大，用于探针接触，一般位于芯片四周。

接下来解释一下“有效芯片数”这个术语。其含义是我们可以从一张晶圆中制造出多少个芯片。如图 10-1-2 所示，晶圆是圆形的，而芯片是方形的，无论如何都会有浪费的面积，因此，芯片的制造区域按照最宽的区域来计算。

晶圆上芯片的排列示意图（图 10-1-2）

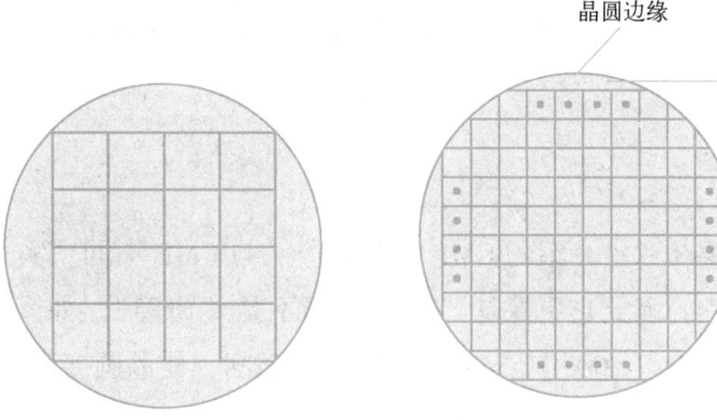

右图是将左图的芯片缩小了1/4，于是可以获得4倍以上数量的芯片。
相对于左侧的16个，右侧从外周起去掉4行×4列(图中•的部分为4×4=16)，最后得到64+16=80个。
为了便于理解，简化了该图。实际会按照可以得到最多的排列来计算。

在晶圆面积一定的情况下，芯片面积越小，数量就越多。工艺微细化的意义就在这里。

此外，无效边缘（Edge Exculsion）[㊀]的定义也很重要。它指的是制造工艺有多少 mm 的晶圆边缘无法保证被利用，半导体厂商如何减小这种无效边缘变得非常重要。

10-2 使晶圆变薄的减薄工艺

在封装芯片时，没必要采用已经流过前段制程的晶圆厚度，而是从晶圆背面削减到规定厚度。这就是减薄（Back Grind）。

㊀ Edge Exculsion：如图 1-9-1 所示，包含了图形的晶圆的边缘部分。

减薄的意义是什么?

在第1章中介绍过晶圆的厚度，300 mm晶圆的厚度为775 μm，200 mm晶圆的厚度为725 μm，这个厚度在实际封装时太厚了。前段制程中晶圆要被处理、要在设备内和设备间传送，这时候上面提到的厚度是合适的，可以满足机械强度的要求，满足晶圆的翘曲度的要求。但封装的时候则是薄一点更好，所以要处理到100~200 μm左右的厚度，就要用到减薄工艺。

减薄工艺是什么?

减薄工艺类似于第8章中介绍的CMP工艺，但又与CMP不同。实际上减薄使晶圆厚度变为原来的几分之一，因此它更像是“切削”而不是“研磨”。如图10-2-1所示，含有金刚石磨粒的扁平砂轮以5000转/min左右的速度磨削，使晶圆变薄。

实际的减薄示意图（图10-2-1）

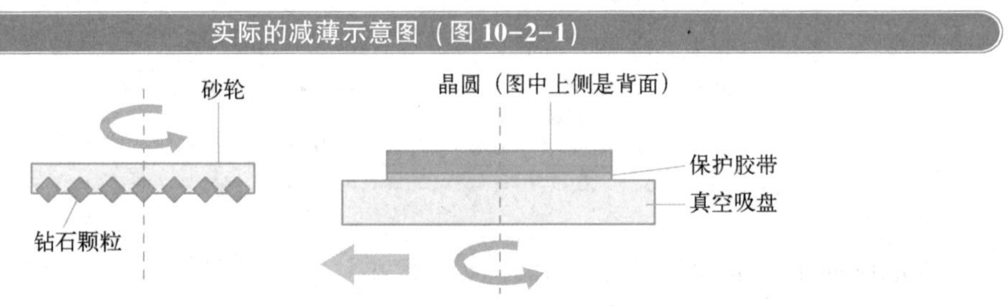

注）在实际装置中有多个砂轮，按照粗磨→精磨的顺序进行。

话虽如此，也不能随便切削，因为在晶圆表面上有重要的LSI芯片，所以需要首先对晶圆表面进行保护。减薄工艺流程如图10-2-2所示，在晶圆表面使用紫外线固化黏合剂，用滚筒等把保护胶带均匀贴好，保护胶带的材料是PET[⊖]或聚烯烃。然后通过真空把保护面固定在吸盘上，用大约5000转/min高速旋转的砂轮对晶圆背面进行粗磨，再更换砂轮的号数进行精磨。之后，会留有大约1 μm的损坏层，需要将其去除，最近也会用干法抛光代替化学试剂处理损坏层。然后将划片胶带（Dicing Tape）贴到晶圆背面，再通过紫外线照射使黏合剂固化并剥离。

⊖ PET：聚对苯二甲酸乙二醇酯。

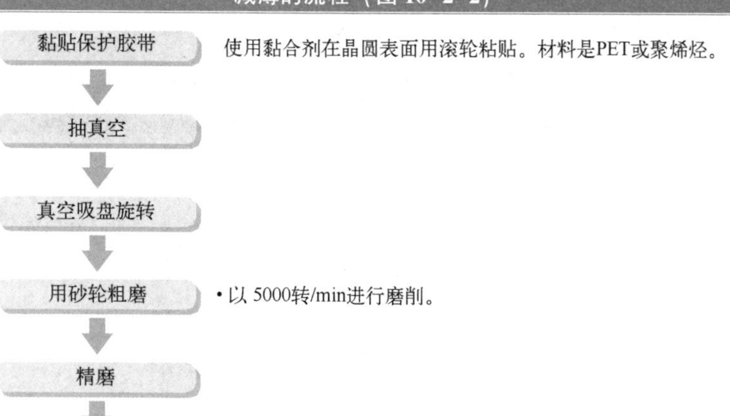

10-3 切割出芯片的划片

为了将芯片[一]进行封装，使用划片刀（特殊的切割刀具）把晶圆切割成芯片。该工艺称为划片（Dicing）。

如何切割晶圆？

如上一节所述，把晶圆减薄，然后粘贴到划片胶带[二]上（以下简称胶带），这样做的目的是避免划片后芯片散落得乱七八糟。

使用划片刀来切割晶圆，划片刀（厚度为 20~50 μm）采用添加金刚石颗粒的硬质材料制造。金刚石划片刀每分钟旋转数万次来切割晶圆，会产生摩擦热。因此需要在高压下不断喷射纯水来清除掉切割下来的硅碎片，一边同时切割。由于纯水会导致静电破坏[三]的

[一] 芯片：以前的旧书和文献也称为 Pellet。

[二] 划片胶带：有时也称为载具胶带，为了原封不动地带入下一道工序。

[三] 静电破坏：由于纯水只含有极少量的杂质，所以电阻率变大。因此，当它与晶圆表面的绝缘保护膜接触时，就会产生静电，芯片上的电路就会受到影响而被破坏。

问题，因此通常在纯水中要混入二氧化碳气体。图 10-3-1 为划片的示意图。图中有所简化，晶圆是通过专用框架黏在胶带上的（参见图 10-4-1）。

划片的示意图（图 10-3-1）

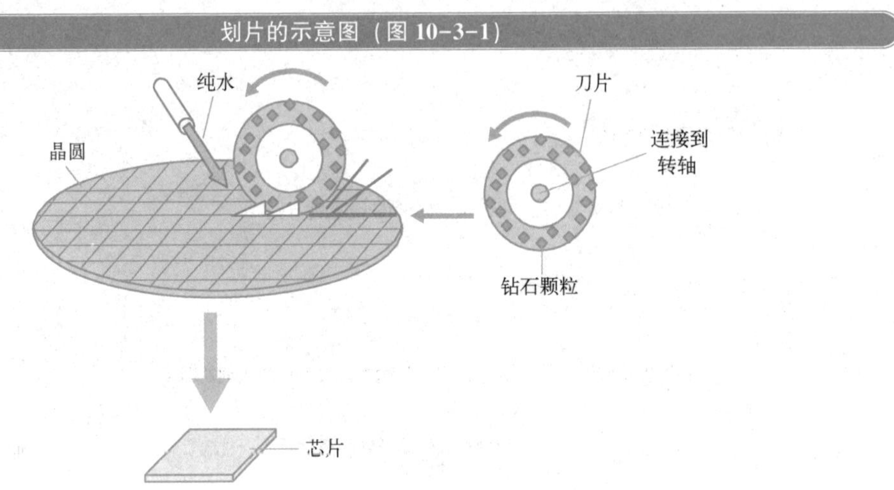

以图 10-3-1 为例，在图形水平方向切割完成后，将晶圆旋转 90°，再在图形垂直方向切割晶圆。最终形成如图中的芯片一样的矩形。

半切割和全切割

晶圆虽然不是食材，但是也可以把它全部切割或者切一半。半切割形象上就如同一板巧克力，上面刻好了凹槽，之后可以根据凹槽再来分割。目前，全切割是主流，因为工程步骤减少，在质量控制方面也更有利。如果是全切割，你可能会担心芯片会散落。但实际可以通过前面介绍过的晶圆上贴胶带的方法来避免。

当然，胶带并不会被切开分离。胶带材料使用弹性极佳的氯乙烯类材料和聚烯烃类材料，使用黏合剂把晶圆和胶带粘贴到一起。图 10-3-2 显示了全切和半切之间的区别。

全切和半切之间的区别（图 10-3-2）

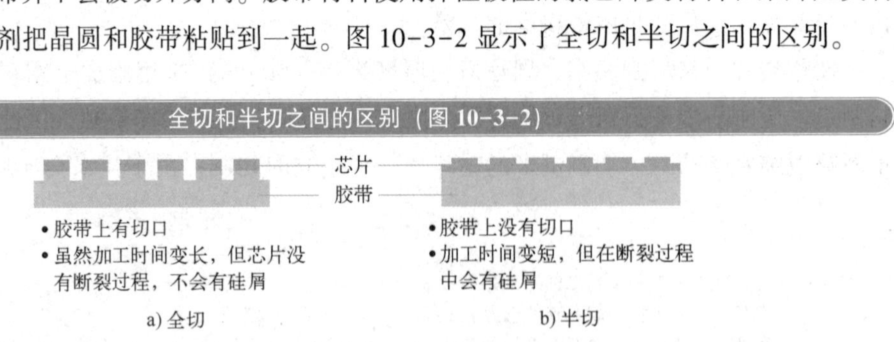

10-4 粘贴芯片

贴片（Die Bonding）是将切出的芯片贴在基板上，并固定到封装中。在某些情况下，也完成电气连接。在后段制程中，芯片在切割完成后称为Die。[㊀]。

什么是贴片？

从完成划片的晶圆中选择合格的芯片，将其放在封装底座（称为Die Pad）上，然后用黏合剂等固定，这个过程称为贴片。由于每个芯片都黏在载具胶带上，因此可以在不散开的情况下传送。当然，有缺陷的芯片最终将被丢弃。首先，用针从底部向上推出合格的芯片，用真空吸盘抓住浮起的位置，并将其传送到引线框架的封装底座上。图10-4-1显示了贴片的流程。

一直到芯片键合的流程（图10-4-1）

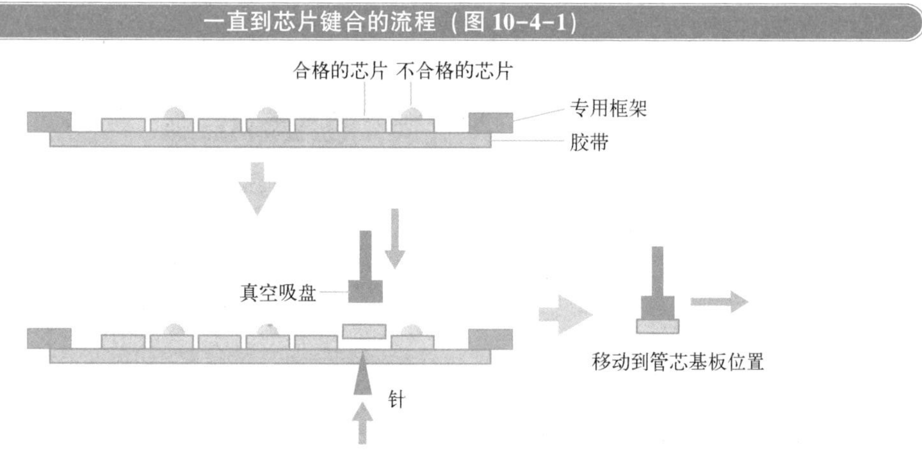

贴片方法

下面介绍如何使用黏合剂。首先，将黏合剂以点状涂抹在芯片基板上进行封装。芯片键合有两种方法，一种是共晶合金焊接法，另一种是树脂黏接法。共晶合金键合法应用于金属引线框架或陶瓷基板的封装，把管芯固定其中。具体是在加热到400℃左右的平板上，

㊀ Die：复数是Dice。与机械加工中常用的压铸（Die-Cast）来自相同词源。把Chip说成Die或者Pellet是由于多年的习惯所致。

把晶片的背面和导线框架的镀金压接到一起。此时管芯的硅与引线框的镀金形成 Si-Au 共晶合金，因此而得名。为防止氧化，该工艺在氮气气氛中进行。树脂黏接法可以应用于各种类型的封装基板，流程如图 10-4-2 所示。使用环氧树脂银浆作为黏合剂，从室温开始将其加热到约 250℃，用 Collet（真空吸嘴）真空吸住管芯，然后通过摩擦和加压将芯片黏合。

键合方法（树脂黏接方法）（图 10-4-2）

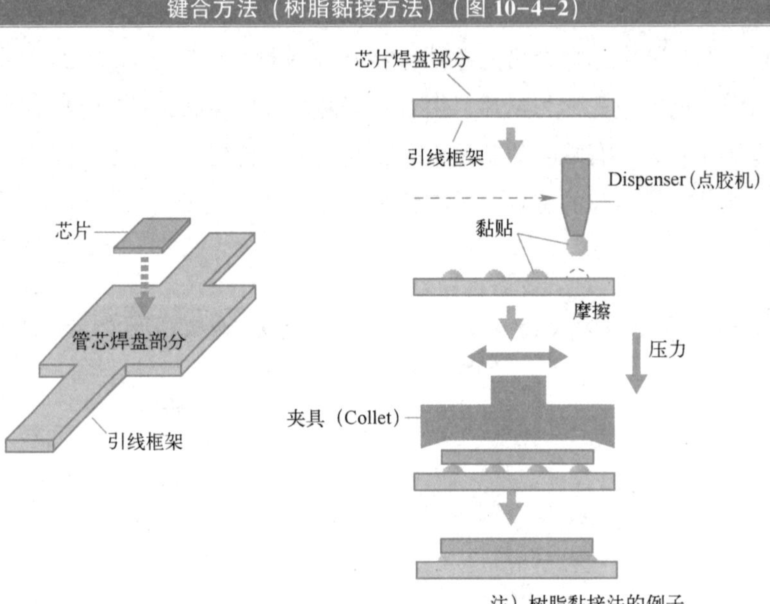

10-5 电气连接的引线键合

您可能看到过像蜈蚣脚一样从 LSI 封装中引出来的端子。引线键合（Wire Bonding）是用引线将这些端子与芯片上的 LSI 端子连接起来。引线一般使用导电性良好的金线制成。

与引线框架的连接

使用金（Au）是因为金作为导线是稳定可靠的，芯片上的端子称为焊盘，引线框架在芯片一侧称为内部框架。使用称为自动引线键合机的设备，每秒可以键合几根到

10 根的引线。作为半导体工厂的场景，自动键合的影像经常在电视上播放，有些读者可能看到过。曾几何时，引线键合是一根一根由人工完成的，所以后段制程是劳动密集型产业，从发展历程来看，一直在向人工成本较低的东南亚地区扩张。引线键合芯片和引线框架的示意图如图 10-5-1 所示。LSI 中金线的最小厚度约为 15 μm，金的纯度高达 99.99%。

引线键合的芯片和引线框架的示意图（图 10-5-1）

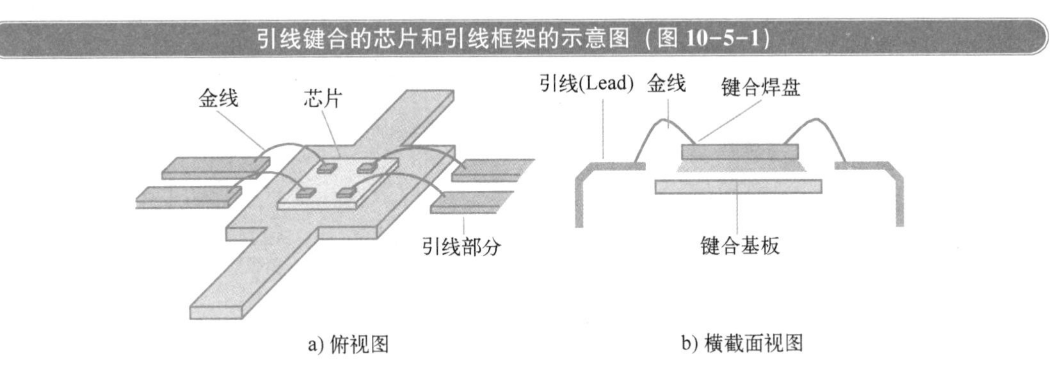

a) 俯视图 b) 横截面视图

▶▶ 引线键合的机理

图 10-5-2 显示了引线键合的机理。从劈刀（Capillary，也称为毛细管）的尖端拉出金（Au）线，将电弧靠近它产生火花，使尖端的金呈球形（图 a）。将其压在焊盘（Al）上并进行热压黏合（图 b）。此时，采用超声波产生能量在 200℃～250℃的温度下进行键合，该方法称为 UNTC㊀，为目前的主流。然后劈刀在预定轨道上移动并拉伸金线(c 图)。

之后，将劈刀移至引线部分并进行键合。引线部分镀有银（Ag）。随后，劈刀再移动到另一个焊盘位置，将一根金线拉到劈刀的尖端，用电弧靠近它产生火花，使尖端的金呈球形，如此重复这一步骤。

这样的重复操作是通过称为专用引线键合机的设备完成的，该设备能够以每秒几根引线的速度完成此操作。当然，LSI 的产量越高，这种焊线机在后道工序的工厂中的应用就越多。

㊀ UNTC：Ultra-sonic Nail-head Thermo Compression 的缩写。NTC 通过在低于熔点的温度下加热（Thermo）和加压（Compression）来连接两种金属。Nail-head 含义是由于金线球压接时变成了钉头。因为使用超声波，所以称为 UNTC。

引线键合的流程图（图 10-5-2）

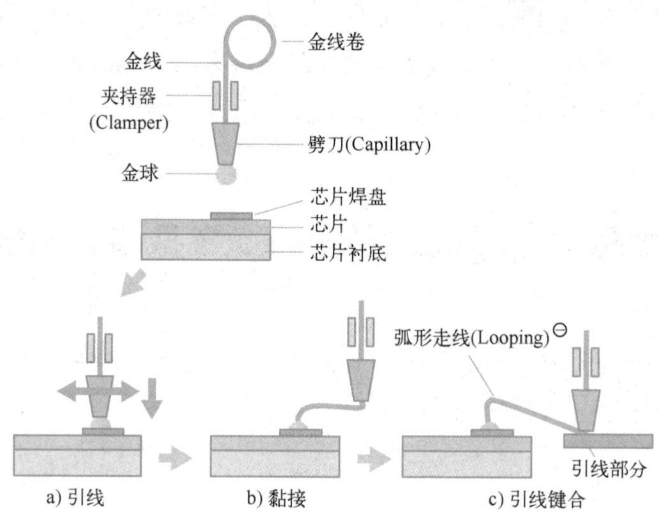

10-6 封装芯片的注塑

完成 LSI 芯片的黏片和引线键合后，接下来就要为封装（Packaging）进行注塑（Molding）了。如果把芯片当成豆沙馅，那么注塑就好比是鲷鱼烧的皮。这两者的确很像，都是用模具从上方和下方夹在中间并成形的。

注塑工艺的流程

本节介绍引线框架类型的注塑，越来越多的封装没有引线框架，我们将在第 11 章中讨论。首先，图 10-6-1 显示了注塑工艺的流程。将引线键合后的芯片和引线框架，一起传送到封装用的下部模具上面，再盖好上部模具，形象地说，是把芯片放置到上下模具形成的空腔（Cavity）中。此时，对上下模具同时施加压力，使模具紧密接触，再将环氧树脂等注入其中，芯片便被严严实实地注塑起来。

为了便于理解，图 10-6-1 以单颗芯片为例对注塑进行了说明。这样做效率不高，实际的做法如图 10-6-2 所示，很多芯片连到一个引线框架中，然后一起进行注塑。

⊖ Looping：采用下一节将要介绍的注塑工艺，向封装中注入树脂时，导线应具有弧形走线，以减少冲击。

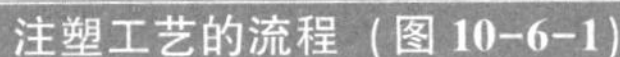
注塑工艺的流程（图 10-6-1）

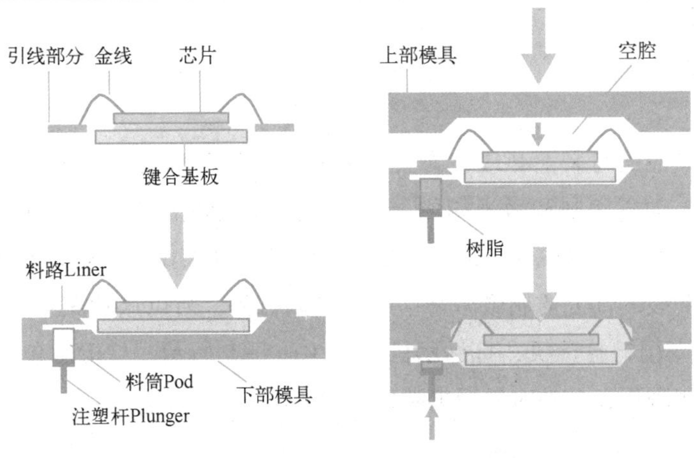

注塑工艺实际的做法（图 10-6-2）

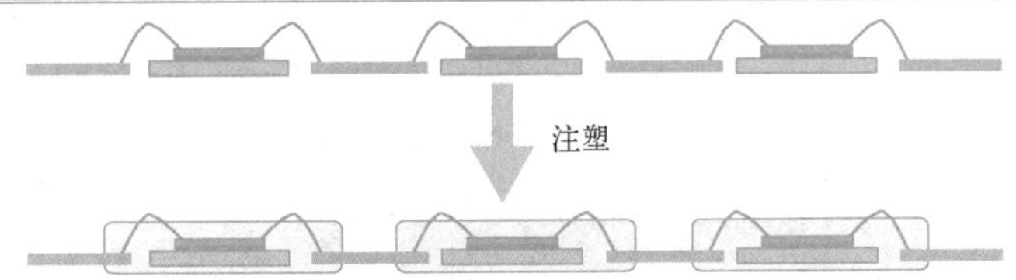

树脂注入和固化

模具加热到约 160℃～180℃。将热固性环氧树脂注入模具中特制的料筒（Pod）。如图 10-6-1 左下图所示，下部模具的一部分可视为填充树脂的料筒，这只是一个示例，还有其他方法。用注塑杆通过压力将受热熔融的环氧树脂经由料路（Liner）推入腔内，这种方法称为传递注塑（Transfer Mold）。

当温度下降时，环氧树脂会固化。接下来取下模具，再等待一定的时间使之进一步固化，至此注塑就完成了。

注塑工艺与前段制程完全不同，称为后段制程。在注塑工艺中，芯片暴露在外部空气中，因此必须在洁净室中完成。

10-7 产品的打标和引线成形

完成 LSI 芯片的注塑后，为了把产品出货销售，还需要给产品印上产品名称和批次名称，也就是要进行“打标”（Marking）。还要对 LSI 外引线的形状进行修整，这称为“引线成形”（Lead Forming）。

什么是打标？

半导体器件产品的封装上必须包含公司名称、产品名称或批次名称[⊖]。这称作打标，有两种打标方式：油墨印刷和激光印刷。前者在黑色包装上印上白色标记，因此易于识别，但存在容易弄脏和字符脱落的缺点。后者和油墨印刷相比，有难以识别的缺点，但由于激光印刷是把封装的部分树脂熔融来印字，难以擦除，所以这种激光法现在成为主流。两种方法都使用专用的打标机，打标示例如图 10-7-1 所示。打标中包含批次信息的目的，是当市场上出现不良品的时候用来帮助查明原因。

封装打标的示例（图 10-7-1）

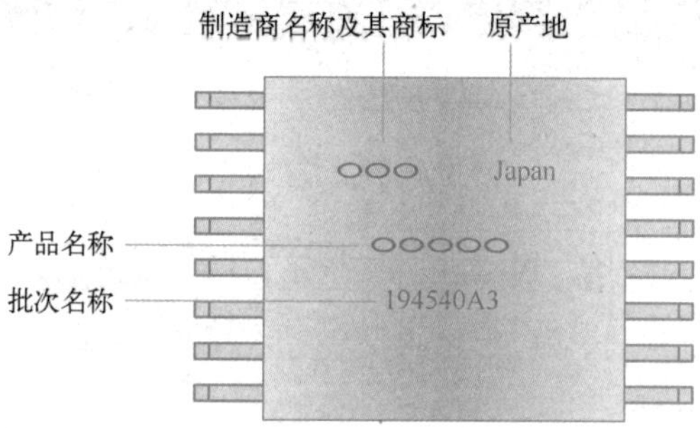

什么是引线成形？

封装外面的引线框架部分称为外框架，修整外框架的工艺称为引线成形。当然，市场上也有不带引线框架的封装，我们将在第 11 章中讨论。具体来说，通过引线成形机将引线端子的尖端与引线框架切分开，并且将引线端子弯曲成封装类型所要求的形状。实际中，以框架状态运输的 LSI（见图 10-6-2），要经过从引线框架上切割连筋的工序、将 LSI 从引线框架分离的修整工序，以及把引线端子做成特定形状的引线成形工序。流程如图 10-7-2 所示，这些工序是一个接一个按顺序执行的。

⊖ 批次名称：通常半导体制造商都会打标自己特有的 ID，以便在市场上出现次品时进行追踪。

引脚成形的流程（图 10-7-2）

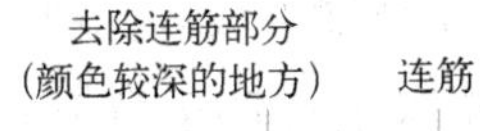

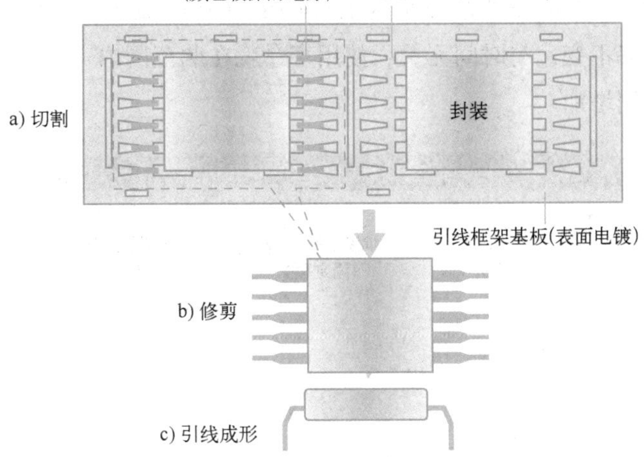

以下仅作参考，根据封装的引线端子在印制电路板上的安装方法，可以把它分为通孔直插型和表面贴装型。图中所示例子为前一种形式，后一种形式是类似于 11-2 中描述的 BGA 的类型。

10-8 最终检验流程

完成打标和成形工序后，终于要进行最终产品检验了。检验方法根据 LSI 规格的不同而有所变化。

后段制程的检验流程是什么？

在后段制程中，每个步骤都要做外观检查和特性检查。外观检查是通过目视检查芯片、封装、外部端子（外框），以及标记上是否有划痕和污垢，逐工序进行检查。特性检查包括键合连接强度和电镀附着强度，不良品被随时剔除。封装好的半导体器件首先测量外观和尺寸，然后仅对没有问题的半导体芯片进行电气测试，使用各种专用设备完成。

什么是老化系统？

半导体器件在各行各业中被广泛使用，如电子仪器、信息家电、家用电器和其他消费类电子产品以及工业设备等，其长期可靠性的保证不容忽视。可靠性由产品故障率和时间的关系表示，在可靠性工程中称为故障率浴盆曲线。如图 10-8-1 所示，因其形状酷似浴盆（Bathtub）而得名。此模型在可靠性测试中大名鼎鼎，即使在半导体以外的产品中也是如此。如图所示，开始阶段的故障会随着时间的推移而减少。之后，由于故障是偶发的，因此故障率保持不变，与时间无关，使用寿命就在此范围内。之后，故障主要由于磨损所致，因此会急剧增加。

浴盆曲线（图 10-8-1）

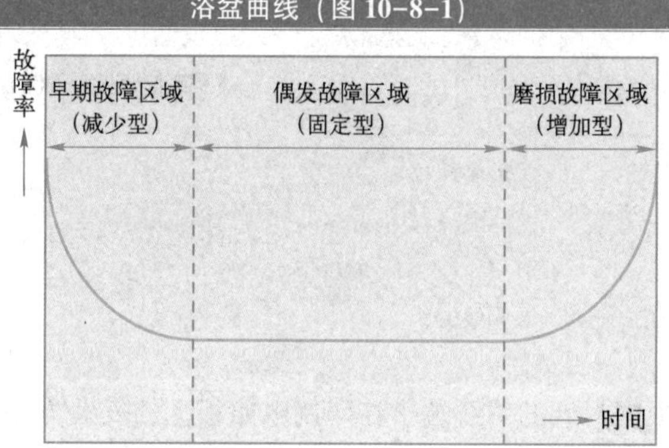

问题的关键是早期缺陷。产品投放市场后，如果出现大量早期缺陷，就会失去客户的信任，半导体制造商的地位也会岌岌可危。因此，检测早期缺陷的方法称为老化系统。这样做是为了让 LSI 芯片在高温高压下工作，尽快检测出早期不良。为此有专用的老化设备，配备有高温箱，封装好的芯片插入老化板上面。也可以认为这是在比平时更严格的条件下进行加速试验，这样可能更容易理解。

最终检查

下面仅以温度为例来说明，将进行高温和低温测试。在高温（100℃）和低温（0℃）下测量封装的电气特性，以筛选合格品和不合格品。只有合格产品才会出货。这些是在专用老化设备中进行的，使用专用机械手（Handler）把封装好的芯片插入老化板的插座进行测试。

此外，根据半导体产品的不同，还有很多种检查方法。例如逻辑类芯片和存储类芯片的负载条件是不同的。

在前段制程中，只有晶圆这一个工作对象。可是后段制程则不同，随着工艺的进行会有各种各样的形态，会使用专用的载具或夹具。阅读至此，读者会对此有更深入的理解。

CHAPTER 11

第 11 章

后段制程的趋势

本章介绍封装技术的趋势，包括在后段制程中比较新的技术：无引线键合。

11-1 连接时没有引线的无引线键合

尽管引线键合采用自动化，但它是一个非常耗时的过程。材料成本也是一个挑战，因此无引线连接技术备受关注。

什么是 TAB？

不使用金线连接芯片电极（Pad）和封装基板的方法称为无引线键合（Wireless Bonding）。

无引线键合大致分为两种。一种是载带焊（Tape Automated Bonding，TAB），另一种是倒装焊（Flip Chip Bonding，FCB）。图 11-1-1 显示了与引线键合相比的两种方法之间的差异。首先关于 TAB，如图 11-1-2 所示，使用一种称为热棒工具（Hot Bar Tool）的夹具，把划片后芯片的 Al 焊盘（带金凸点）与 TAB 引脚（内引脚）进行热黏合，TAB 引脚其实是在聚酰亚胺胶带开口处放置的 Cu 引脚上镀金而成。这些 TAB 引线有规则地排列在聚酰亚胺胶带上，以卷轴的形式存放，这是 TAB 的独有特色。这些 TAB 引脚比金引线更粗。此外，虽然图 11-1-2 中未标注，但 TAB 引脚也会连接到电路板的电极上。

无引线键合的比较（图 11-1-1）

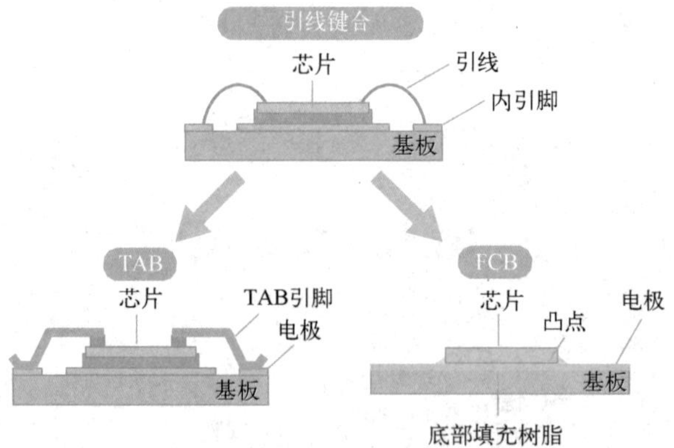

近来芯片的引脚数量越来越多，连接面积越来越大，因此批量焊接的精度很难保证。为此也有一种新方法，可以使用劈刀逐个进行连接。

TAB 的流程（图 11-1-2）

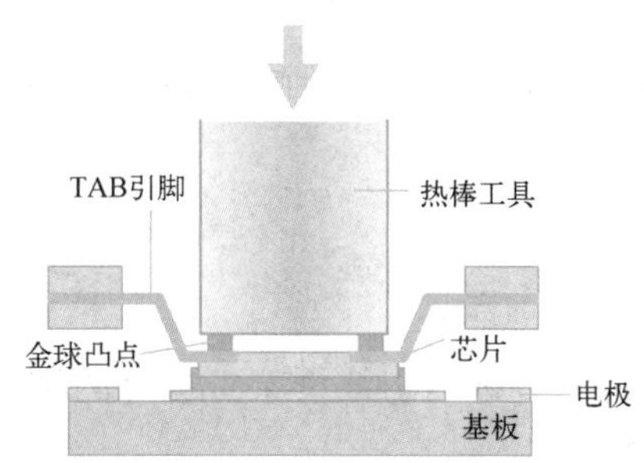

在芯片上通过电镀工艺形成金(Au)凸点，在铜(Cu)引脚上面镀金(Au)形成新引脚，然后使用热棒工具把Au-Au热压键合到一起。

注）虽然图中显示了批量键合的示例，但也有使用劈刀的方法，逐个进行连接。

什么是 FCB?

接下来，我们将讨论倒装焊（FCB）。如图 11-1-3 所示，将金引线键合方法（参见 10-5）应用于芯片的凸点（Bump）安装位置，在芯片电极上形成金球凸点。把准备倒装焊[⊖]的芯片翻转一下成为“脸朝下”的状态，与高性能 LSI 专用的多层布线封装基板的电

FCB 的流程（图 11-1-3）

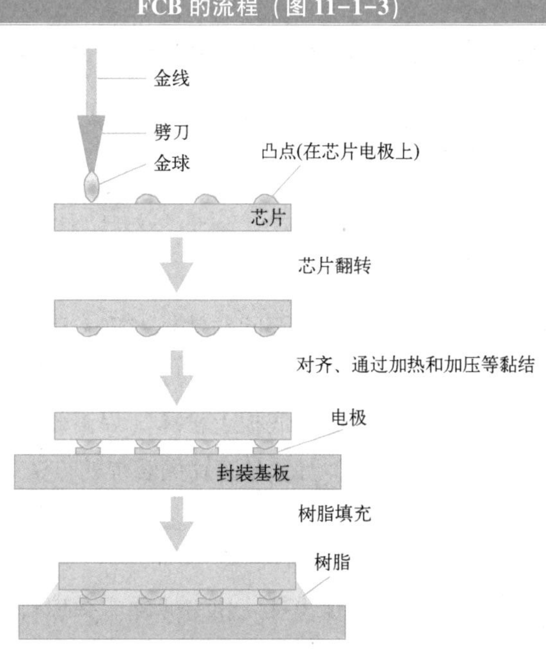

⊖ 倒装焊：芯片表面朝下进行贴装。

极对齐，然后加热连接。此方法称为金球凸点。之后，注入树脂以填满芯片与封装基板之间的间隙，称为底部填充。

之后在芯片背面贴上散热片，并在封装基板的外部引脚挂上锡球（图中没有显示）。

11-2 无须引线框架的 BGA

LSI 芯片四周引出来的像蜈蚣脚一样的端子称为引线框架。也有的结构不需要这种引线框架，BGA（Ball Grid Array）就是代表之一。

没有引线框架的意义是什么？

无论是前段制程还是后段制程，微细化的趋势不可阻挡。随着 LSI 向高集成度、高性能不断迈进，引脚数量不断增加。图 11-2-1 显示了引线框架类型的封装示例。举例来说，使用 QFP[⊖]，这种引线框架类型的封装，最大引脚数为 476 针端子，间距为 0.4 mm，这已经是极限了。而且引线框架在切筋时使用的刀片，其刀片厚度约为 0.1 mm，刀片的精度和模具的精度也都达到了极限。

引线框架类型的封装示例（图 11-2-1）

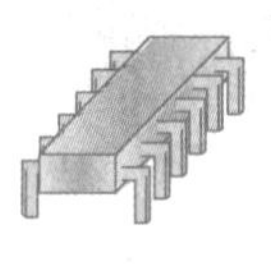

a) DIP型

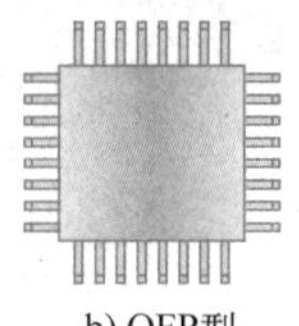

b) QFP型

另一方面，引线框架的引脚越小，弯曲等问题就越严重，从而妨碍了后面在线路板上的安装。在这种情况下，开始寻求不需要引线端子的封装，这就是 BGA 类型的封装。虽然不需要引线端子了，但是需要在封装树脂底板上植球（焊锡球），以及分割封装的工序，这些请参阅本节后面的描述。图 11-1-3 所示为芯片倒装焊的方法。

什么是植球？

倒装芯片的连接方法包括金焊料、焊锡球、超声波等，金焊料用于窄间距产品，焊锡球用于高可靠性产品（汽车电子）等。对金焊料和焊锡球来说，低成本、微细化的要求也

⊖ QFP：Quad Flat Package 的缩写。方形封装四边引出端子引脚的结构，如图 11-2-1 所示。

越来越高。

本节介绍焊锡球形成技术，使用的焊锡球大多是普通的共晶焊料。如图 11-2-2 所示，使用焊锡球吸附夹具对焊锡球进行真空吸附，该夹具将封装引脚的位置与装有焊锡球的槽对齐，通过在预先涂有助焊剂的封装基板的引脚位置植入锡球来实现。

植入锡球的 BGA 封装（图 11-2-2）

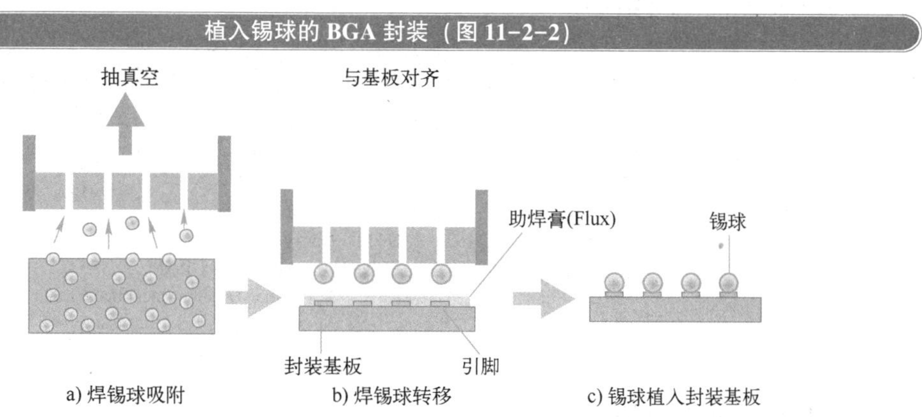

此外，还有一种方法可以将焊料通过丝网印刷到指定位置，然后用热回流来生成锡球。

通常，以封装基板的框架为单位进行运输。与引线框架类型的封装一样，使用托架来容纳框架。形成锡球后，进行切割的封装。有两种方法进行切割，一种是单独切割，另一种是批量切割。

11-3 旨在实现多功能的 SiP

通常，一颗 LSI 芯片被封进一个封装，而 SiP（System in Package）是将具有各种各样功能的多颗 LSI 芯片封在同一个封装中。

什么是 SiP？

您可能对 SiP 略有印象，其核心思想是将具有各种特定功能的 LSI 封到一个封装中，而不是将单一的系统 LSI（通常也称为 SoC，System on Chip）集成到一个芯片中。如果我们要在一个芯片上制造系统 LSI，没有精细化加工的设备是不行的，设计也极其复杂。可是，电路设计也好，制造工艺也罢，反正是将已经验证过的芯片组合到一起，封装到一个管壳中，那一定更快捷。

例如在功能不断发展的手机系统 LSI 中，这种想法值得考虑。手机需要应用的融合（例如支持 One-Seg 和互联网），并且产品周期很短，可以考虑通过单一封装来应对以上需求，开发类似堆积木结构的 SiP 比开发新的 LSI 更快。

手机中需要的高端 LSI 在国内制造，低端 LSI 在国外制造，也在如此进行。图 11-3-1 显示了 SiP 与系统 LSI 的比较。

SoC 与 SiP 的比较示意图（图 11-3-1）

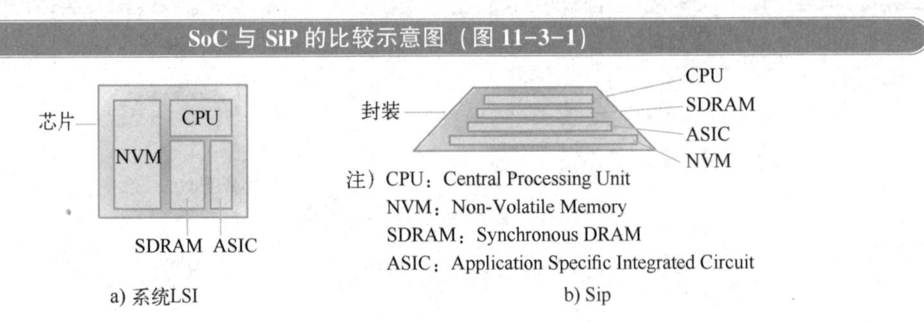

a) 系统LSI　　b) Sip

从封装技术来看 SiP

从技术上讲，SiP 实际封装有两种类型：通过引线键合的芯片叠层封装，以及充分利用倒装焊技术的三维封装（3D 封装）。图 11-3-2 举例说明了使用引线键合连接基板和芯片的封装类型，以及使用倒装芯片堆叠基板的类型。这些 SiP 有望提供新的“系统解决方案”，此外，使用第 12 章介绍的 TSV（Through Silicon Via）的三维实现，为 SiP 的发展提供了更大的可能。TSV 也是不使用引线键合的方法。

堆叠芯片封装示例（图 11-3-2）

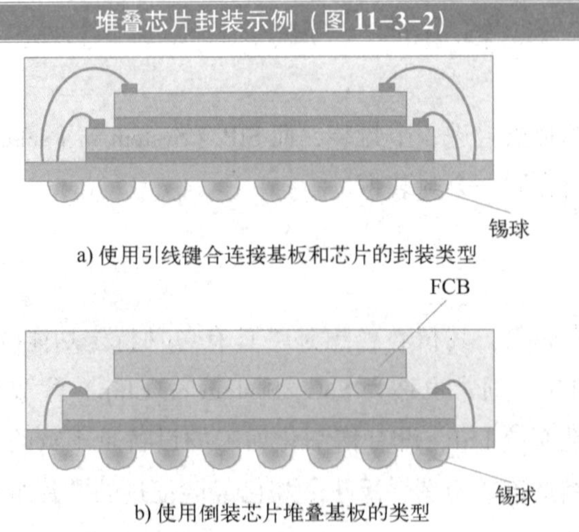

a) 使用引线键合连接基板和芯片的封装类型

b) 使用倒装芯片堆叠基板的类型

11-4 真实芯片尺寸的晶圆级封装

晶圆在被切割成单个 LSI 芯片之前，以晶圆的状态进行封装，这就是晶圆级封装（WLP）。它不仅适用于半导体，同样适用于 MEMS㊀等。

什么是晶圆级封装？

晶圆级封装是指在晶圆原有状态下重新布线㊁，然后用树脂密封，再植入锡球引脚，最后划片将其切割成芯片，从而制造出真实芯片尺寸大小的封装。把芯片装进封装中的时候，无论如何，封装的尺寸都要大于芯片尺寸。可是，WLP 技术的优势是能够实现几乎与芯片尺寸一样大小的封装。

此外，不仅芯片是批量化制造，而且封装也是批量化制造，可以降低成本。这种封装方法在技术层面采用了倒装焊技术，所以被称为 FBGA（意思是 Flip Chip 类型的 BGA）。芯片也称为晶圆级 CSP（Chip Size Package）。图 11-4-1 比较了它与传统封装之间的不同。

与传统封装的比较（图 11-4-1）

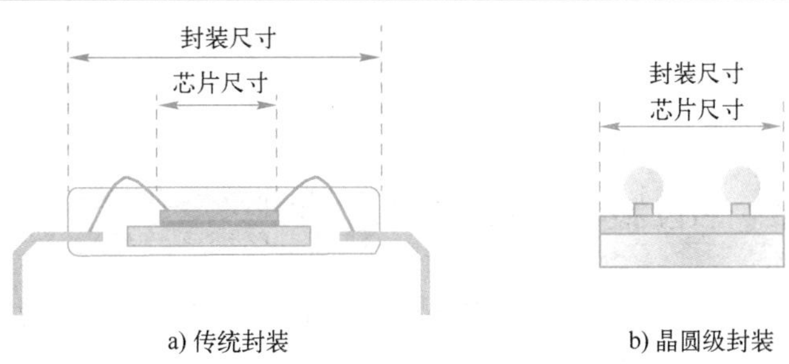

a) 传统封装　　b) 晶圆级封装

晶圆级封装的流程

晶圆级封装工艺流程如图 11-4-2 所示。首先进行再布线工程，主要包括形成重新布线层的层间绝缘膜，称为中间介质层（Interposer）；接下来形成通孔和重新布线层（RDL，

㊀ MEMS：Micro Electro Mechanical System 的缩写。电子器件和机械驱动器件的融合体，加速度传感器等是典型的例子。

㊁ 重新布线：在后段制程中，在芯片表面形成新的布线层。

Re-Distribute Layer），用来连接芯片和外部端子；接下来形成铜柱（Post，使用铜等材料），然后在铜柱上面生成凸点（Bump）。接下来的步骤是用树脂密封，再形成焊球并用划片机切割成所需的芯片。图 11-4-3 显示了一个放大的视图。在切割之前，可以在晶圆状态下进行测试。

晶圆级封装工艺流程（图 11-4-2）

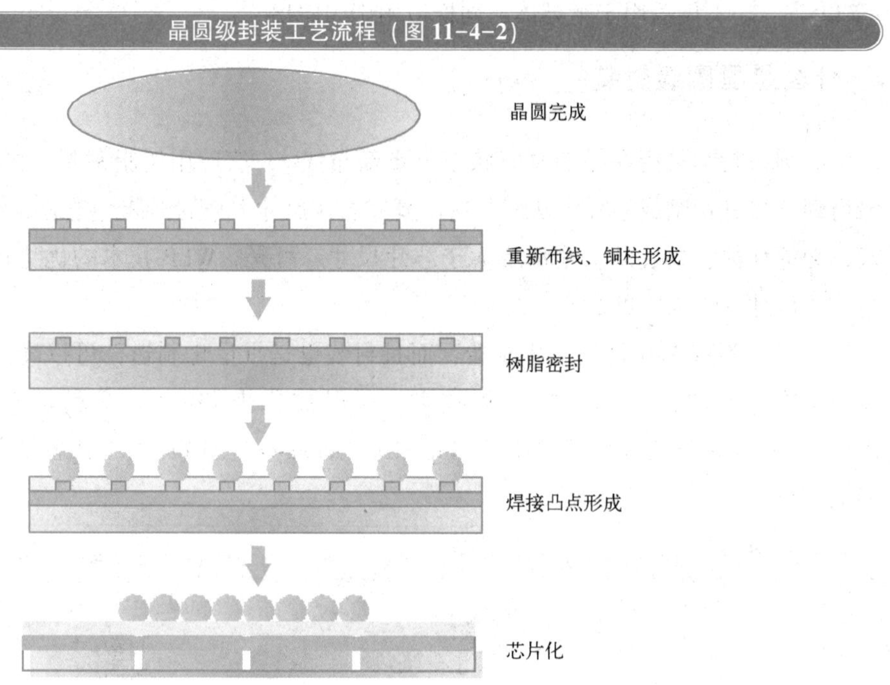

OSAT 是什么？后段制程 fab 的趋势

最后，我们将讨论后段制程 fab 的趋势。正如我们在 1-12 结束时所提到的，越来越多的半导体制造商将后段制程外包。在这种趋势下，接受后段制程外包的制造商称为 OSAT（Outsourced Semiconductor Assembly And Test），我们称其为外包半导体封装测试工厂，与外包了前段制程的代工厂是类似的性质。OSAT 不仅增强了传统的低端封装，还强化了本章中所介绍的具有高附加值的高端封装技术。可以说，这是因为智能手机所引领的半导体产品占据的阵地不断扩大而导致的结果。在一些代工厂中，有整合后段制程的趋势，这一领域无论在商业上还是技术上都备受关注。

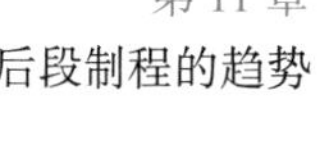

晶圆级封装的放大视图（图 11-4-3）

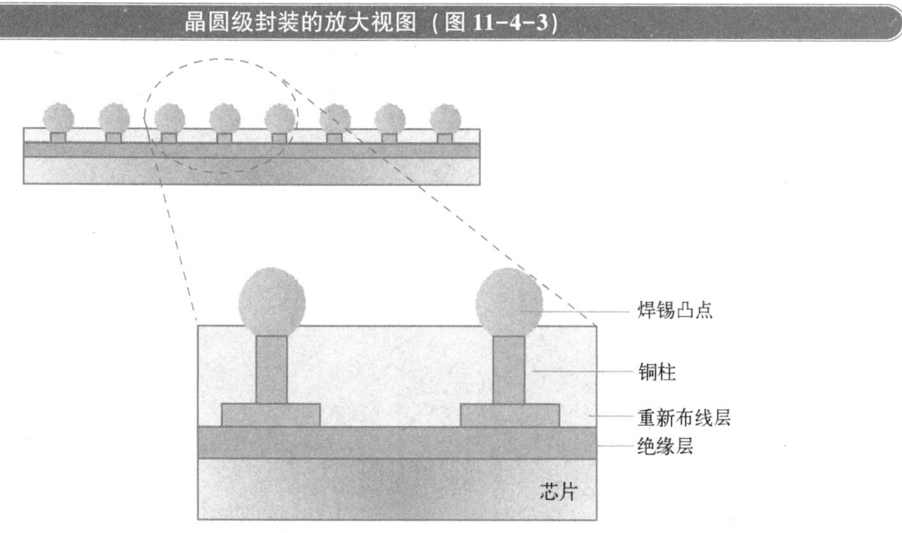

在日本，像 J-DEVICE 公司[㊀]这样的 OSAT 诞生了，它是把半导体制造商的后段制程部门整合到一起了，在整合后段制程的同时，水平分工也正在取得进展。

㊀ J-DEVICE 公司：现在是美国 AmKir 的全资子公司。

CHAPTER 12

第 12 章

半导体工艺的最新动向

本章将介绍整个半导体工艺的最新发展，并讨论半导体代工厂以及硅晶圆向 450 mm 尺寸推进的现状。还可以看到摩尔定律正在偏离其不断缩小特征尺寸的方向。

12-1 路线图和“路线图外”

本章介绍半导体技术路线图，它是由 ITRS 这个国际活动组织推动完成的，并已成为 2-1 中所提到的半导体工艺微细化的“路标”。此外，还要简单介绍一下与其对立的路线图。

什么是半导体技术路线图？

最近，当政府或公司计划做某事时，越来越多地使用 Roadmap，还要加个括号，里面写上“工程表”。然而，它已被用于半导体技术开发很长一段时间了。本来，Roadmap 这个术语其实是“道路地图”的含义，特别是在汽车社会的美国，长途出行要靠汽车，似乎的确被用来表示汽车的“道路地图”。现在被用来表示半导体技术发展的“路标”，可能是有些转义了。

国际半导体技术路线图（International Technology Roadmap for Semiconductor，ITRS）是由美国、欧洲、日本、韩国等主要的半导体业行业组织发起的。日本方面是由日本电子信息技术产业协会（JEITA：Japan Electronics and Information Technology Industry Association）的下属组织半导体分会的半导体技术路线图专家协会（STRJ）[⊖]承担。目前为止的活动可以到 JEITA 的网址上查看，现状是 ITRS 和 STRJ 都已停止活动了，后面我会谈到其未来。

ITRS 由来自不同国家的专家组成，讨论各个领域，审查修正路线图，奇数年提出报告，偶数年审查修正上一年报告，更新后的版本在 ITRS 的网站（www. itrs. net）上发布。重点是每年进行一次审查修正，这凸显出半导体微细化的发展势头，以及半导体行业的竞争程度。图 12-1-1 为 ITRS 中较早年代的路线图示例，用 ITRS2007 和 ITRS2011 相比较，从 2011 年的半间距来看，微型化有逐渐加速的趋势，可以感受到上述半导体微细化发展的势头和半导体行业的激烈竞争。

⊖ STRJ：Semiconductor Technology Roadmap Committee of Japan 的缩写。作为半导体小组委员会，ITRS 一直有日本方面参与，并于 2016 年 3 月结束。

根据 ITRS2011 的第一层布线的半间距（逻辑电路为例）（图 12-1-1）

ITRS2007 生产开始年	2007	2008	2009	2010	2011
1金属半间距	68nm	59nm	52nm	45nm	40nm
ITRS2011 生产开始年	2011	2012	2013	2014	2015
1金属半间距	38nm	32nm	27nm	24nm	21nm

资料来源：根据 ITRS材料编写。

那段历史如何？

最初是由美国半导体行业协会（SIA）作为行业活动开展起来的，NSTR（National Semiconductor Technology Roadmap）从 1992 年开始活动，一直发布到 1997 年版本。之后，从 1998 年开始升级为国际版。通过让更多地区参与进来，更加有效地推动了路线图的制定工作。据说当时在美国国内还发生了激烈的争吵，有人认为必须在国际推进，有人认为理应在美国内部推进。顺便说一句，自 ITRS 成立以来，笔者作为日本方面的委员活跃了大约两年时间，切身感受到了美国方面的干劲。当然，也可能当时和笔者接洽的专家们是国际推进派吧。

一味微细化的休止符

另一方面，对于 ITRS 提供的微细化路线图，越来越多的半导体制造商已经无法跟上它的脚步，开始质疑，ITRS 的活动这样继续下去还有意义吗？

因此，有人提出了新的路线图，例如 12-2 所述的 More Than Moore。今后，路线图活动将在 IEEE㊀中建立一个名为 IRDS㊁的组织，其方针是为广泛的领域制定路线图，包含至今为止的活动，而不仅仅是一味进行微细化的路线图。

㊀ IEEE：Institute of Electrical and Electronics Engineers（电气与电子工程师协会）的缩写。总部设在美国的国际学会，对电气和电子领域进行规格化和标准化。

㊁ IRDS：International Roadmap for Devices and Systems 的缩写。活动如上所述。

什么是“路线图外”？

有时，无须依赖微细化技术所特有的光刻技术，也可以进行微细化，这样的技术称为路线图外（Off The Roadmap）。虽然这个用语最近很少使用，但我会在这里简要进行介绍。

硅半导体通过前面所述的自上而下光刻技术实现了微细化，但在某些情况下，还需要一些仅靠我们目前拥有的微细加工技术无法实现的图形化技术。其典型代表是自对准工艺。在半导体制造工艺中，无须借助光刻即可进行图形加工的工艺称为自对准（Self-Align）工艺。如图 12-1-2 所示，创建侧壁的工艺是一种不需要掩膜的自对准的微细化技术。7-9 中描述的多晶硅栅极的制造方法也是一种自对准方法。有一段时期，Off The Roadmap 用来泛指自对准工艺，本书介绍这些仅供大家参考。

通过自对准的微细化（图 12-1-2）

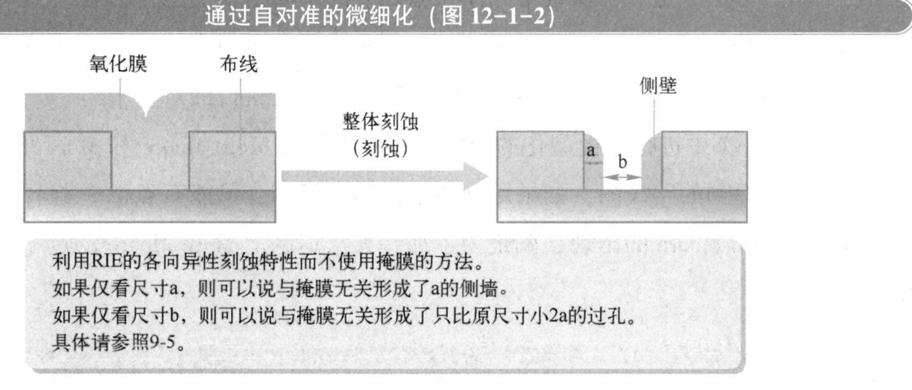

12-2 站在十字路口的半导体工艺微细化

纳米级微细化加工的半导体工艺正一步一步走到了极限，在此我们将聚焦技术，阐述现有的一些观点。

硅的微细化极限

2-1 中介绍的 Scaling Law（比例缩小定律）基于将硅中的电子视为经典物理中的模型。随着加工尺寸，特别是栅极长度接近硅的原子半径，沟道中的电子已经不再是经典物理模型能够应对的了，已经到了需要用量子力学来应对的水平。硅的晶格间距为 0.545 nm，因此认为栅极尺寸（沟道长度）在 5 nm 左右进入量子力学的范畴。因此出现了各种路线的选择。

各种路线的梳理

在讨论我们迄今所走的路线的未来方向时，一般按照以下三个原则进行分类：

① 继续走原有路线的方法。
② 从其他方面探索延长原有路线的方法。
③ 探索超越原有路线的方法。

如果我们从半导体技术来思考这个问题，方法1就是在原有的微细化单一路线上走到极致为止，这种推进微细化的路线称为 More Moor。有时也称其为 CMOS 扩展（Extension）。方法2是一种探索半导体在微细化的不同路线上生存的方法，我们称为 More than Moore㊀。方法3不拘泥于硅或 CMOS，探索半导体器件的方向，有时称为超越 CMOS（Beyond CMOS）。当然，这是上述 CMOS 扩展（Extension）的对立。

在图12-2-1中进行了模型化的说明。本章将阐述 More Moore 和 More than Moore 的趋势。上一节中提到的路线图，如果用马拉松比赛来形容，可能有点像领跑者在中间提高了配速。More than Moore 的出现，就是为了那些无法追赶上 More Moore 的选手，这样解释就容易理解了。

在微型化的前方，所能看到的（图12-2-1）

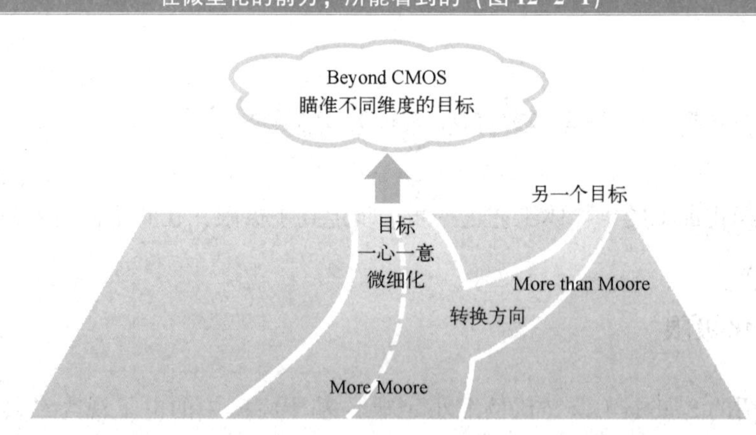

㊀ More Than Moore：来源于2006年版的ITRS。在微细化为主旋律的路线图中，有许多半导体制造商无法参与其中，为此提出这个路线图，有这方面原因。最近有一个 Post-Moore 的用语，用来表示（1）到达极限之后。

什么是技术助推器?

推动摩尔定律，即追求微细化，总有一天会达到极限。另一方面，除了作为衬底的晶圆外，LSI 还使用各种材料。这些材料也无法追赶上 Scaling Law。在某些情况下，仅靠现有技术已经无法满足 Scaling Law。因此，需要对硅本身、布线材料、栅极绝缘膜材料和层间绝缘膜材料进行重新评估，为此技术助推器出现了。如果把技术助推器的概念融入路线图中，就会像图 12-2-2 一样。可以把技术助推器想象成可以补偿 Scaling 规则偏差的技术(包括材料)，7-9 的 High-k 膜也可以说是技术助推器的例子之一。

从其他的视角看

半导体行业继续发展，但与过去相比，增长速度也放缓了，发展势头也在逐渐下降。虽然一直不断追求微型化、高密度，但是全世界拥有最先进技术实力的半导体制造商屈指可数。此外，半导体业务也从垂直整合型转变为水平分工型，如 12-6 所述，代工厂和无晶圆厂制造商也出现了。例如作为无晶圆厂制造商代表的高通，现在半导体销售额位居前五，此外 Foundry 的代表台积电也位列前五。另一方面，虽然在 1980 年日本的半导体产业成就辉煌，占有全球一半的份额，但近年日本的半导体产业处于劣势，只在半导体材料和功率半导体方面表现不错。

技术助推器的概念（图 12-2-2）

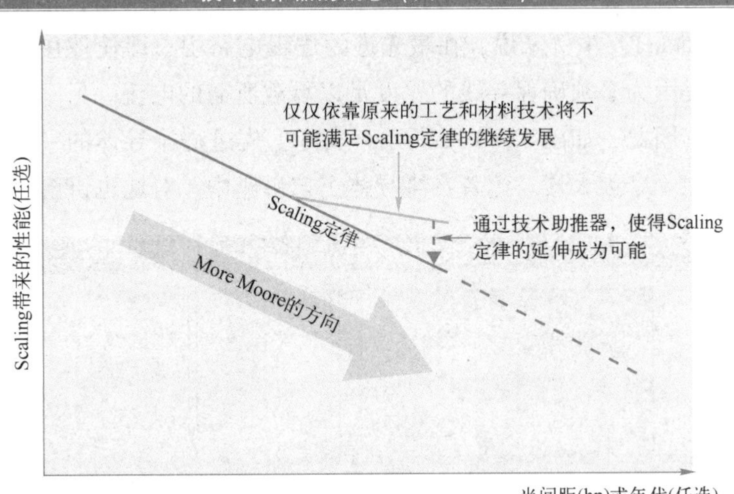

IT 产业的确一直在牵引半导体产业的发展，但今天的 IT 应用领域正在不断从 PC、大型 FPD 转向以平板计算机和智能手机为代表的移动设备，以及用于同类设备的中小型显示器、物联网和 5G 等新概念。此外，放眼全局，也可以考虑向绿色创新和低碳社会所代表的环保、能源产业转移。

12-3 More Moore 所必需的 NGL

按照 More Moore 的技术路线推进微细化，光刻技术的发展至关重要，接下来对此做一个概述。

微细化的极限

NGL 是 Next Generation Lithography 的缩写，中文是下一代光刻技术，在与光刻有关的学术会议中开始使用。当然，它用来表示 More Moore 路线中下一代光刻技术的最佳方案。

以光刻为代表的微细化加工技术已经到了极限，设备的价格也已经到了天花板。现实中微细化加工的尺寸能达到什么极限，用怎样的光刻技术来达成，这些成为争论焦点，也带来了巨大挑战。

该级别的光刻胶形状是什么样?

也许有点找借口，在半导体工艺方面的书籍中，为了方便绘图，不得不忽略实际的纵横比（Aspect Ratio）。举例来说，在最先进的逻辑电路中，即使使用一层布线，厚度也不能减小，这是因为必须确保导线的厚度足以承载所需的电流。另一方面，实际布线宽度是纳米级的，因此，如图 12-3-1 所示，实际上先进硅半导体的一层布线的光刻胶图形，其形状类似于摩天大楼。笔者在半导体工艺讲座中，对此也讲解过。

实际的光刻胶的图形示意图（图 12-3-1）

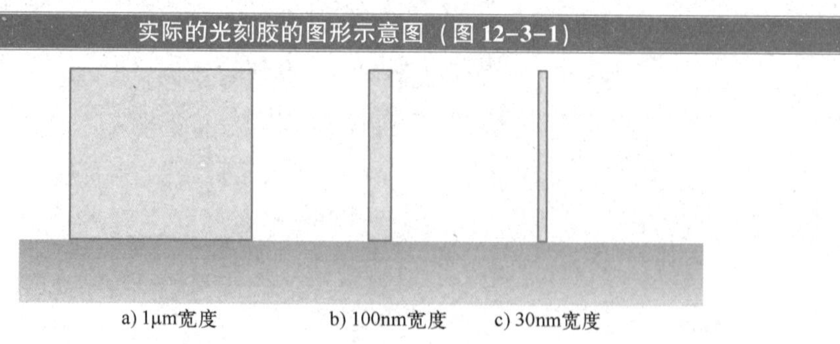

NGL 的候选技术是哪一个?

多重图形技术和 EUV 技术被认为是 NGL 的有力候选。下面将介绍多重图形的一个例子:双重图形(Double Pattern)技术。

自 2000 年开始,各种技术进入候选技术行列,5-9 中介绍的 F2 激光器就是其中之一。可以说,上述两种技术是大浪淘沙的幸存者。

双重图形的定位

在 5-10 中简要介绍了双重图形及其地位,接下来对此略做回顾。

一直有人认为双重图形技术是 EUV 之前的过渡技术,也有人认为双重图形技术还是会使用一段时间。如后面所述,如果 EUV 的实用化被推迟,双重图形技术的寿命可能会更长。双重图形的最大优点是可以使用传统的光刻设备,如果昂贵的先进曝光设备可以多代使用,就多少能遏制越来越昂贵的先进半导体工厂的资本投资。

但另一方面,双重图形技术也有缺点,就是除了光刻制造设备外,还需要沉积和刻蚀设备。

延长寿命的策略

在上述情况下,也在探索使用双重图形的进化技术——四重图形(Quad Pattern)技术,具体如图 12-3-2 所示。按照这样的趋势发展到多重(Multi)图形技术,当然,这样将增加成本,需要新的设备投资,但可能比 EUV 好一些。因此,目前也有采用多重图形技术的想法。但是,如果 EUV 的完成度一下子提高,也许想法就又会改变。NGL 的未来动向值得关注。顺便说一句,据说一台 EUV 曝光机的成本超过 100 亿日元(约 5.56 亿人民币)。

其他候选

有一种技术,称为纳米压印(Nano Print)(如 5-12 所述),通过把模具压在树脂上形成图形,优点是可以降低设备和工艺成本。该技术在 5-12 中也提到过,但该技术对图形有限制,只能考虑应用于图案化介质盘。

四重曝光（SAQP）示例（图 12-3-2）

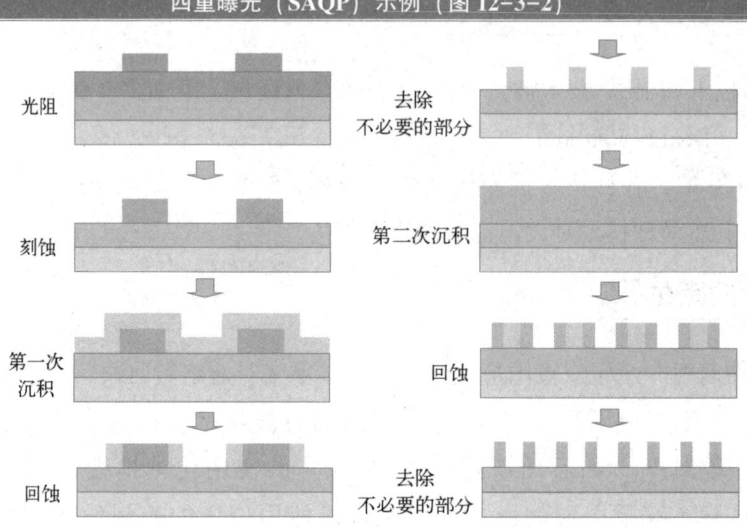

把图 5-10-2 中的 SADP 重复两次。在第一次 SADP 中，模式间距是开始的一半；通过重复两次，间距成为 1/4。SAQP 是自对准四重曝光（Self Aligned Quadruple Pattarning）的缩写。与三重（Triple）曝光相比，SAQP 的称呼更常用。应该可以形成约 10 nm 的线和间距，工序变多，成本也随之增高。通过微细化带来的芯片成本降低，是否与投入相匹配是一个挑战。

另外，和 EUV 为代表的自顶向下（Top-Down）技术截然相反的自组织技术⊖也在探讨之中，这也是从降低设备和工艺成本的角度提出的。

12-4 EUV 技术趋势

接下来我们将讨论 EUV 技术的现状和挑战，EUV 技术被认为是 NGL 的主要候选。EUV 技术要求光刻工艺与传统技术相比有巨大的改变。

EUV 设备上的巨大差异

首先，谈谈第 5 章中未提及的一些问题。

EUV 光刻是在真空中曝光。因为这个波长区域的光会被空气中的成分吸收。因此，担心残留在真空中的气体会造成污染。除了残余氧对掩膜的氧化外，镜面反射光学系统表面

⊖ 自组织技术：属于自下而上（Bottom-Up）的技术领域。具体来说，就是使用嵌段共聚物（Block Copolymer）的相分离结构形成图形。

的氧化和碳对镜面反射光学系统的污染也是一个问题。因此，在实际曝光装置中，光源部分和光学系统部分的真空度是不同的[㊀]，要使用差速排气装置等将它们尽可能地分开。

光刻胶工艺是什么？

光刻胶自身应当使用不同于传统光刻胶的材料。然而，在 EUV 的波长区域，材料吸收非常强烈，如果采用普通光刻那样的单层光刻胶，胶是比较厚的，几乎在中间就被吸收掉，无法到达光刻胶的底部。

因此，考虑采用的是多层光刻胶工艺。该想法是减少 EUV 光刻曝光显影的光刻胶的厚度，通过厚光刻胶获得耐刻蚀性，以及转移到具有耐刻蚀性的硬掩膜上。

图 12-4-1 对此会进行说明。使用硬掩膜的方法是，在形成 EUV 光刻胶图形后，对硬掩膜进行刻蚀，然后转移图案并刻蚀介质层。使用双层光刻胶的方法是首先形成 EUV 光刻图形，然后在掩膜上刻蚀下层厚光刻胶，然后转移图案并刻蚀介质层。在这种情况下，

EUV 光刻胶工艺的比较（图 12-4-1）

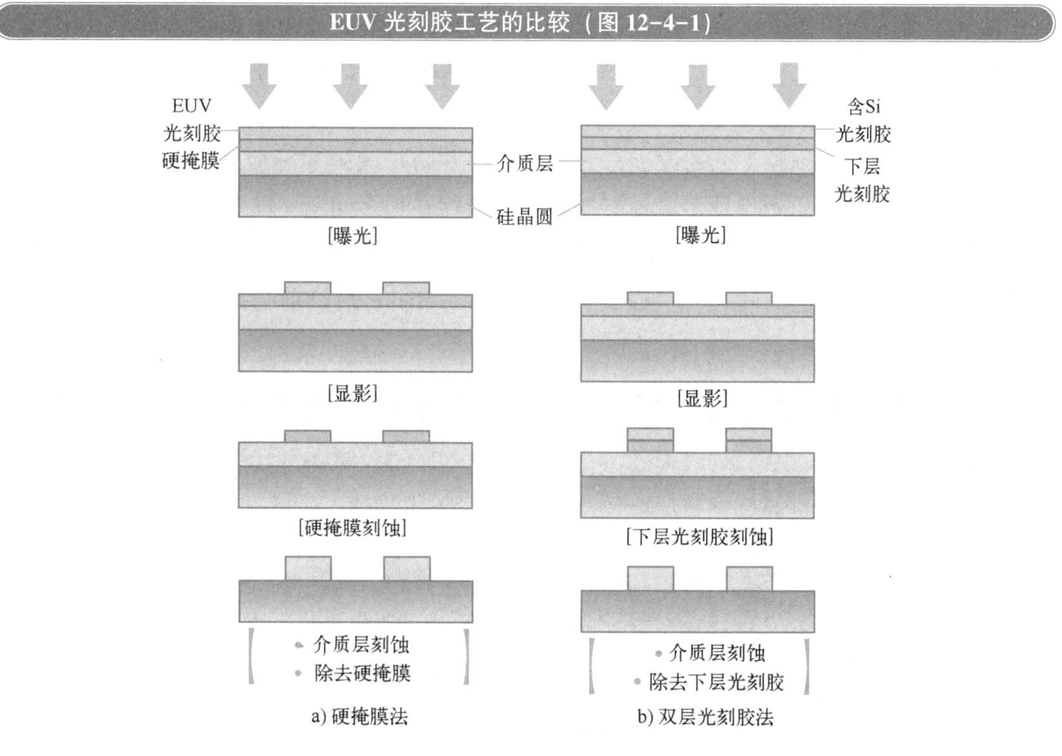

a) 硬掩膜法　b) 双层光刻胶法

㊀ 真空度也不同：光源的真空度相对较低，因为它会引起放电并产生 EUV 光。

EUV光刻胶可能使用含Si光刻胶，确保下层厚光刻胶刻蚀时的耐受性。这两种方法都要刻蚀一次，工艺会变得复杂。

这里的挑战在于LER⊖能否被控制。毕竟，形成几十nm（纳米）或更小的光刻图案不仅需要曝光技术，还需要光刻以外的技术，多重图形技术也是如此。

▶▶ 未来的发展是什么？

在研发层面，提出的建议是对波长为13.5 nm的一半的6.7 nm进行研究。由于EUV是反射曝光系统，因此NA不会得到改进，因此想法是基于缩短波长来进一步微细化。顺便说一下，当前光学系统的NA约为0.3。是否可以实现这种改进也在考量中。考虑到这些因素，最近有人认为EUV光刻的分辨率极限约为7~8 nm。

就尺寸而言，它接近硅半导体的物理极限，并看到了微细化加工的终点。

在实用化的过程中，各种各样的挑战也逐渐浮出水面，特别是光源的问题被广泛讨论。量产机需要250 W左右的功率，最近也出现了能达到此要求的光源。

此外，在大规模生产设备方面，荷兰曝光机制造商ASML在量产设备方面处于领先地位。日本的半导体制造设备制造商已经退出EUV曝光设备这一领域，光源制造商专注于开发高功率光源。

工艺问题包括光刻胶工艺的改进、无缺陷掩膜和防护膜的实际应用。如上所述，EUV曝光是反射曝光系统，掩膜是多层叠层掩膜，所以存在很多问题。防护膜（Pellicle）需要具有更高的透射率。图12-4-2按照笔者自己的方式总结了EUV光刻要面临的课题。EUV是否会成为通过解决这些问题，进而成为推动More Moore继续前行的量产技术，我们拭目以待。

EUV工艺面临的主要课题（图12-4-2）

设备方面	光源	高功率(250W或更高)，稳定光源
	光学	高NA化，防止化学污染
	掩膜	低成本掩膜、掩膜缺陷的降低及检测方法
工艺方面	光刻胶	新型光刻胶材料，低成本光刻胶工艺
	掩膜	减少掩膜污染
	防护膜	防护膜渗透性、高使用寿命
	尺寸控制	对LER的控制

⊖ LER：Line Edge Roughness的缩写。光刻胶图案侧面的局部锯齿状。

12-5 450 mm 晶圆趋势

目前先进半导体代工厂使用直径为 300 mm 的硅晶圆，有提案建议接下来使用 450 mm 的晶圆，下面将介绍其现状，总体上是暂时停止的状况。

晶圆大口径化的历史

如 1-10 所述，硅片以 1.5 英寸（约 38 mm）的直径开始商业化，之后直径不断增大。这一动向被称为硅晶圆的大口径化。对于 CZ 法制造的硅晶圆，已有开发 450 mm 硅晶圆，取代 300 mm 成为下一代晶圆的动向。以下将举例介绍其背景和挑战。

晶圆 450 mm 化的来历

晶圆的大口径化通常认为以 10 年为周期，虽然微型化使得晶圆上的芯片数量增加，但要想在存储器方面将比特单价每年降低 20%~30%，仅靠微型化是无法实现的，还需要晶圆的大口径化。另外，如果晶圆的直径变大，芯片窗口也会变大，CPU 等的设计自由度也会增加，这是晶圆大尺寸化的背景。

此外，如图 12-5-1 所示，半导体行业自身也发生了更新换代。晶圆尺寸到 300 mm 为止是半导体产业整个考虑的问题。需要 450 mm 的厂家在全世界只有几家。为了实现晶圆 450 mm 化，2006 年 SEMATECH㊀开始行动并开发出 450 mm 生产设备。日本的 SUMCO、村田机械、日立高新技术等材料、运输和制造设备制造商也参与其中。2011 年，美国成立了一个名为 G450C 的联盟，只有世界顶级半导体制造商（IBM、英特尔、三星、台积电、Global Foundary㊁）加入。材料、制造设备制造商担心的是，即使实现 450 mm 化，如此少的用户能否收回开发成本。

特别是制造设备的厂商普遍对 450 mm 的生产持慎重态度。笔者也多次听生产设备制造商说，收回 300 mm 化的开发成本花了 10 年时间。估计主要制造商并不是全部产品都要 450 mm 化，有可能是与 300 mm 设备两者同时开发。

㊀ SEMATECH：Semiconductor Manufacturing Technologies 的缩写。由公私基金组成的半导体制造技术联合研究机构，成立于 1987 年。现在为私营机构。

㊁ Global Foundary 美国的晶圆制造公司。其规模仅次于 TMSC。其核心业务是半导体制造，该公司是从美国半导体大公司 AMD 分离出来的，总部位于硅谷的桑尼维尔。实际的晶圆厂在全球范围内部署。

300 mm 和 450 mm 的背景比较（图 12-5-1）

晶圆	300mm	450mm
半导体制造商动向	大多数主要制造商都朝着300mm的方向前进	450mm化，世界仅有几家
市场动向	PC是主流，需要大尺寸芯片	迁移到智能手机和平板计算机 大尺寸芯片的需求减少
制造设备制造商动向	专注于300mm	300mm和450mm可能都在开发
小型化技术动向	传统光刻的延续	EUV的新技术仍在开发中

另外，从半导体产品的角度来看，整体上正从 PC 向智能手机、平板计算机转移，像 CPU 那样窗口大就有利的必要性也在减弱。除此以外，笔者认为微细化技术的发展对其也有很大影响。在 300 mm 的时候，以 ArF 为光源的光刻，短波长化成为难题（实际上并没有使用短波长，而是转向了液体浸没式），技术突破使该光刻技术的使用延长。但是这一次，EUV 这种不同于传统光刻的新技术，能够量产与否，必将是一个挑战。

几年前，Semicon Japan 等报道了 450 mm 的现状，并展示了传送设备和晶圆载具。不过 IBM 已经宣布不会再生产 450 mm 设备，450 mm 化的行动处于中断状态。

实际的障碍

作为现实问题，我们举例看一下晶圆的情况。20 世纪 90 年代后期，日本半导体制造商联合创建的超级硅研究所（Super Silicon Research Institute）对 400 mm 晶圆的问世做了很大贡献，这是当时推动 300 mm 晶圆继续前进的先行者。

但是，实际上当晶圆尺寸为 450 mm 时，需要确定晶圆及其载体的规格和标准。此外还需要更改所有制造设备和传输系统，并讨论其标准化问题，要面对的难题不胜枚举。图 12-5-2 列举了由于晶圆尺寸变大而带来的工艺和晶圆的问题。

此外，还有如何为设备开发提供晶圆的问题（不仅需要裸晶圆，还需要带图形的晶圆），300 mm 时代，在日本是 Selete 公司㊀承担了这项任务。此外，在工艺开发过程中，晶圆的断面怎样来检测？450 mm 硅片是否会被手掰断？出现各种各样的问题。虽然有点杂乱，但还是写出来供大家参考。

㊀ Selete 公司：Semiconductor Leading Edge Technologies 的缩写，半导体先端技术。由当时日本 10 家主要半导体制造商成立的 300mm 化和微加工技术联合研究公司。成立于 1996 年，现已解散。

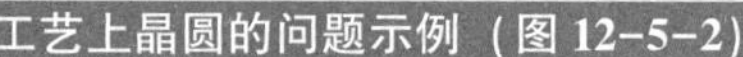

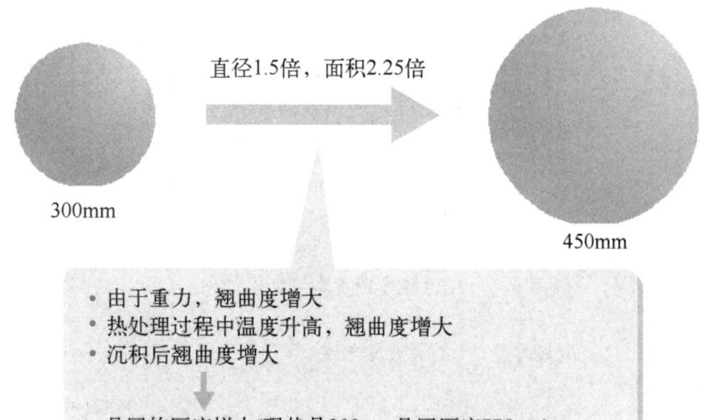

即使是 300 mm 的晶圆，如果在 FOUP 承物台中容纳 25 个晶圆，重量也将约为 8 kg。不是一个人能不能搬走这个重量的问题，而是 300 mm 情况下，这个重量是工厂自动化的前提条件。对于 450 mm，重量将进一步增加，基础设施的建设成为重中之重。

硅晶片的世代交替

我想应该没有人会错误理解，但为了加深印象还是介绍一下。现行半导体产业中使用最多的晶圆是 300 mm。但并不是只使用 300 mm 晶圆，200 mm 晶圆也还在使用，在 LSI 领域以外口径更小的硅片也还在使用。300 mm 晶圆被批量生产使用是在 2002 年左右，之后大约花了 10 年的时间，在 2012 年左右超过了上一代 200 mm 晶片的出货量。同样，200 mm 晶圆在 1992 年左右开始量产，2002 年左右，超过上一代 150 mm 晶圆的出货量，终归还是花了将近 10 年的时间。该模式如图 12-5-3 所示，尽管在 300 mm 化过程中进行了扩张，10 年的时间跨度，不仅是晶圆制造商市场，也是半导体制造设备市场和半导体市场所需的时间。整个行业掀起“300 mm 风”并围绕 300 mm 化合作推进。由此可见，晶圆的世代交替需要大量的时间和能量。

晶圆的世代交替示意图（图 12-5-3）

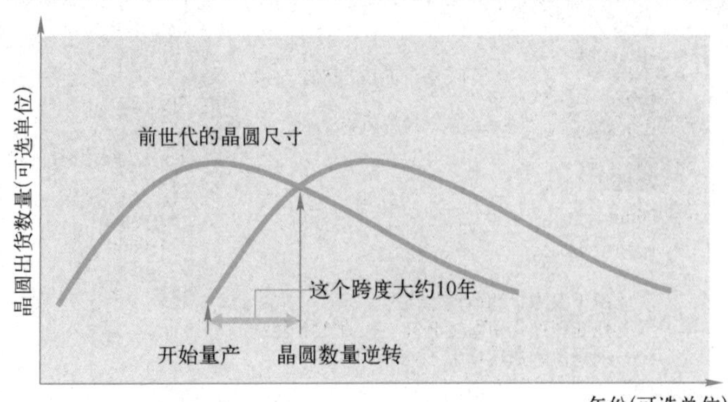

12-6 半导体晶圆厂的多样化

目前，先进半导体晶圆厂（fab）以大量生产型的超级晶圆厂（mega fab）为主流。未来的半导体晶圆厂会变成什么样呢？这里就前段制程晶圆厂，介绍其动向。

超级晶圆厂的终点站

在 2-4 中简单介绍了前段制程的晶圆厂。相信大家已经知道，在前段制程晶圆厂中，除了实际生产半导体芯片的无尘室以外，还有各种各样的设备。在半导体产业不断更新换代的情况下，从商业角度出发，作为前段制程的晶圆厂面临着以下问题。

① 如何应对巨额投资？
② 如何转用旧生产线？

过去半导体被称为垂直整合型，通常一个公司负责从设计到制造的所有工作。但是，随着微细化的发展，投资变得极为庞大，如 12-2 中所示，一家公司所投入的金额过大，所以逐渐向水平分工型转变。其中也出现了像高通那样没有工厂的无晶圆厂制造商（Fab-Less）和委托制造的台积电这样的代工厂（Foundary）。这些公司在世界半导体制造商排名中进入前 5 或前 10，在其中，已有的半导体制造商也在进行经营整合、探索晶圆代工厂的使用以及联合晶圆厂等。这些做法的意义在于减轻投资，故而有时也被称为轻资产（Asset-Light）或轻晶圆厂（Fab-Light），图 12-6-1 对这些模式做了总结。

关于旧生产线的转向，最近传出日本公司出售给外国半导体制造商或关闭的消息。另外，也有积极转产到功率半导体领域（作为 More Than Moore 代表）的动向。下面会有更详细的介绍。

垂直整合模式和水平分工模式（图 12-6-1）

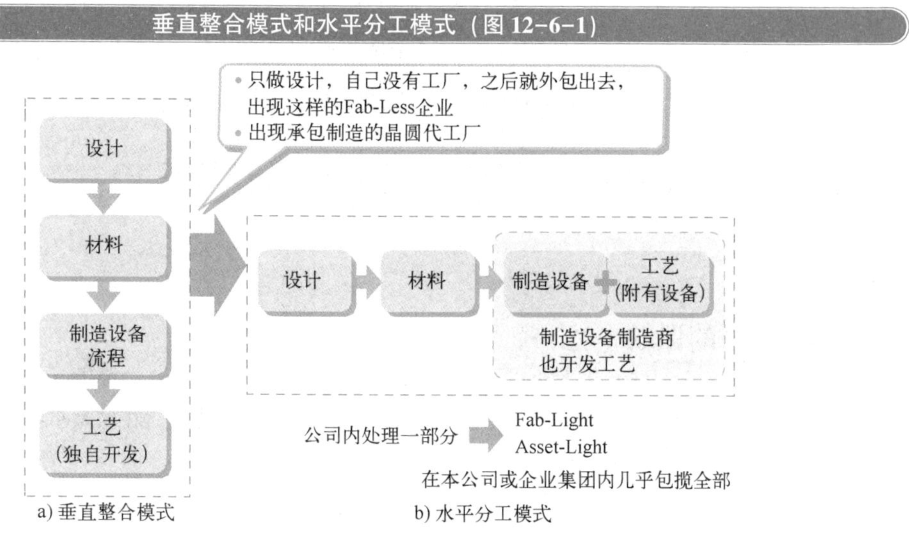

a) 垂直整合模式　　b) 水平分工模式

旧生产线向 More than Moore 的转向

300 mm 晶圆目前在晶圆中使用最多。就日本而言，半导体产业本身有着悠久的历史，从其发展初期开始，综合电机制造商和家电制造商就开始了半导体产业的开发，与新兴国家相比，200 mm 和 150 mm 的晶圆厂依然很多。在半导体发展时期，各公司都增设了生产线，由于当时的晶圆直径不同。即使在同一座晶圆厂内，每条生产线的晶圆直径也不同，笔者对此也有亲身体验。而当设备发生故障时，由于晶圆的直径不同而无法安排。

这些旧生产线有必要考虑出售或转产，此时向 More than Moore 方向转移是一种方法。关于 More than Moore，我在 12-2 中已经简单介绍过，它具有将半导体技术水平拓展到其他产品系列的能力，图 12-6-2 表示了有什么样的候选方案。图 12-6-1 中的垂直整合模式㊀和水平分工模式的内容与第 1 章的图 1-12-2 基本相同。

从晶圆厂运营和商业的角度来看，半导体业务似乎正在经历一个巨大的转变。无论如何，日本许多 200 mm 和 150 mm 晶圆厂的整合、出售和转向其他业务都是当务之急。

㊀ 垂直整合模式：有时称为 IDM（Integrated Device Manufacturer）。与之相对的水平分工模式包括诸多形式，分别称为无晶圆厂制造商（Fab-Less Maker）、代工厂（Foundary）、OSAT（见 11-4 解释）。无晶圆厂制造商将前道工序委托给代工厂，将后道工序委托给 OSAT。

More than Moore 的各种表现形式（图 12-6-2）

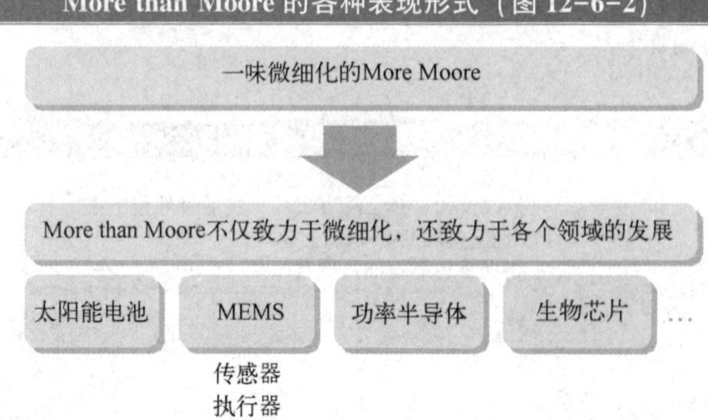

晶圆厂未来的课题

以上介绍了商业角度的课题，但是从今后愈发重要的环境、能源方面来看，节能减排尤为重要，以下两点是关键。

① 零排放。
② 节能措施。

在 2-4 中已经提到，半导体制造过程中会产生很多废液、废气等。降低这些环境负荷是重要的课题。另外，半导体晶圆厂也会消耗电力，在当今的电力需求情况下，尽可能地节约能源也是一个课题。

由于篇幅的关系，这里主要讲述了当下的动向。关于半导体晶圆厂的各个课题，在同一系列的《图解入门——半导体生产设备基础精讲（第 3 版）》中会有所介绍，有兴趣的读者可以参考。

12-7 贯通芯片的 TSV（Through Silicon Via）

通过层层堆叠芯片来实现高密度化，这是发展趋势之一。目前，光刻机的微细化极限越来越明显，作为不依赖光刻机的高密度集成技术备受瞩目。为此，TSV 技术变得不可或缺。

深槽刻蚀的必要性

硅通孔（Through Silicon Via，TSV）技术是一种形成能够贯通芯片的通孔的方法。

正如我们在第 6 章刻蚀工艺中介绍的，深槽刻蚀是 TSV 不可或缺的基础。与普通刻蚀不同，这种刻蚀技术可以挖出足够深的孔，贯穿硅片。在 20 世纪 80 年代 DRAM 的集成度达到 1 Mbit 期间，为了通过在沟槽中形成电容器并使其立体化来增加电容器的面积，沟槽刻蚀被投入实际使用。当时最多也就几 μm 的深度，但在 TSV 的情况下，无论硅晶圆怎样减薄㊀，都必须进行数十 μm 或百 μm 左右深度的刻蚀，为此需要保护过孔的侧壁。刻蚀和沉积交替进行的 Bosch 工艺㊁，以及将晶片冷却到低温，从而抑制自由基的侧面攻击的低温刻蚀等方法被采用。另一方面，TSV 的直径要求在 10 μm 以下。图 12-7-1 列出了 TSV 刻蚀的例子及其问题，市场上也有专门用于 TSV 的深槽刻蚀设备。

TSV 刻蚀示例和课题（图 12-7-1）

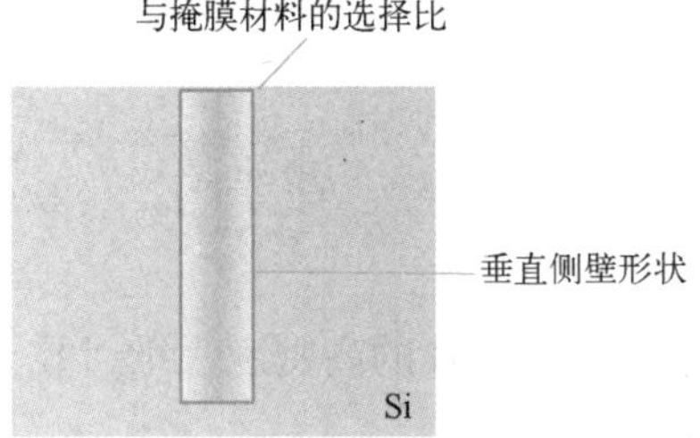

实际的 TSV 流程

图 12-7-2 为 TSV 工艺流程的实际例子。如图所示，首先在实际晶片上进行 TSV 刻蚀，这是因为薄到几十 μm 的晶片在工艺设备上处理，包括搬运都很困难。

如图所示，形成 TSV 后，周围区域覆盖一层绝缘膜，然后嵌入导体，也可通过丝网印刷嵌入导电膏。之后粘贴支撑材料，对晶片进行背面减薄，进行层叠化完成三维封装。此处所举的例子是所谓的“Via First”工艺，还有一种称为“Via Last”的工艺，也就是后来形成的 TSV。

㊀ 减薄：实际晶圆的厚度约为 800 μm，通过进行背面减薄，可以薄至几十 μm。

㊁ Bosch 工艺：博世工艺，由德国博世公司开发，是一种深槽刻蚀技术。

TSV 工艺流程示例（图 12-7-2）

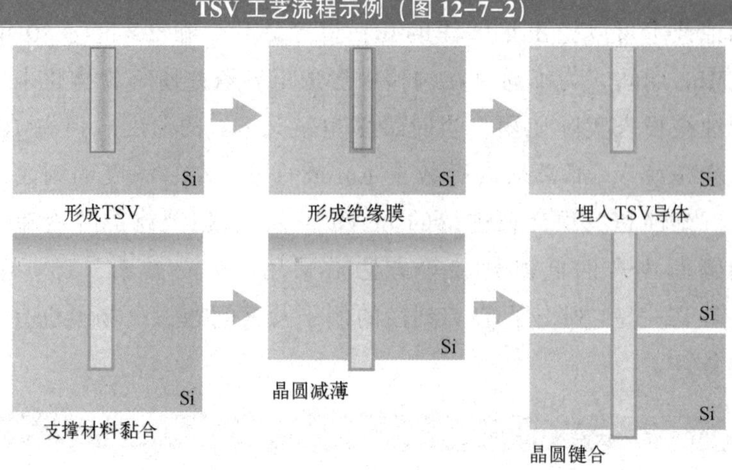

12-8 对抗 More Moore 的三维封装

使用 TSV（硅通孔）技术来实现芯片的高密度三维封装，正在成为一种趋势。该技术能否成为硅半导体的突破口备受关注。

三维封装的流程

三维化的意义在于，当二维微细化（即 More Moore）的极限正在显现时，如图 12-8-1 所示，通过三维继续实现高密度。其优点是，可以继续使用当前的微细化技术，并缩短图中所示的 SoC（System on Chip）中整个系统的布线。此外，它还具有降低工艺成本（包括投资）和在初始阶段稳定良品率等优点。那么如前文 12-7 所示的 TSV 技术在实际的层叠化中该如何进行呢？

使用 TSV 时，不需要引线键合。无引线键合可以实现层叠化，如图 12-8-2 所示，这是闪存的三维封装的例子。另一方面，有一种方法可以在不使用 TSV 的情况下进行三维堆叠。如 SiP 和 PoP（Package on Package）等方法。前者是在一个封装中层叠数个芯片的方法，后者是连封装一起层叠的方法。前者有时也被称为多芯片封装（Multi-Chip Package，MCP）。

三维封装的流程（图 12-8-1）

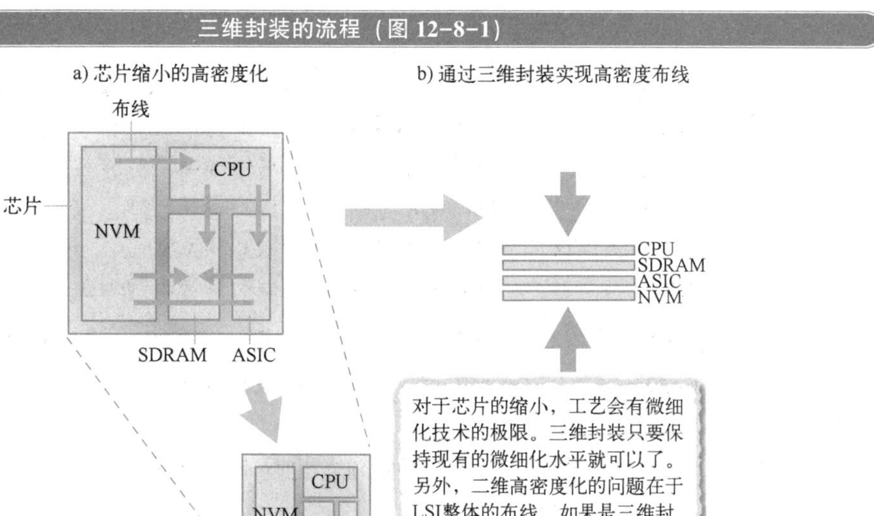

三维层叠的示意图（图 12-8-2）

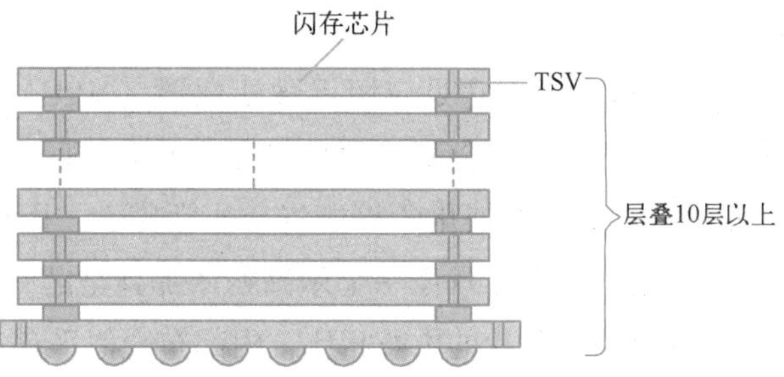

从 Scaling 规则看三维封装

微细化加工技术的极限自不必说，投资金额也越来越庞大。相对而言，三维封装的优点是可以沿用原有的工艺技术。而且在微细化的情况下，从设计开始，开发时间会越来越长，这也带来了问题。对此，三维封装的另一个优点凸显出来，就是可以低成本、短交货期开发新产品。此外，如果布线长度变短，从全局来看功耗也会降低。正在形成一种向新模式的转变，我们不妨称其为去缩放规则，相关的研发蓬勃发展，需要的专项技术除了 TSV 技术以外，还需要图 12-8-3 所示的各种技术。

三维封装各项技术的动向（图 12-8-3）

工艺	候补	难题等
光刻	正常曝光、非光刻工艺	光刻胶选择比、成本
孔形成	DRIE、激光钻孔	成本、效率
孔清洁	干法、湿法	清洗残余
焊料/锡-材料形成	CVD、涂布、溅射	成本、可靠性
填充材料	CVD、电镀、印刷	成本、可靠性、电阻值
Si减薄	抛光技术	效率、传输技术、无支持材料化
晶圆接合	W2W、C2W	成本、对齐

举例来说：除了 TSV 技术，通孔内的清洗等也是不可或缺的技术。另外，晶片之间的键合技术也需要与晶片级封装不同的规格。

微细化路线会持续到什么时候？三维封装会成为改变这个路线的手段吗？争论在一直继续，未来发展值得关注。

什么是 Chiplet？

最近，经常听到 Chiplet 这个词，它是应用于微处理器（MPU）的芯片，如前所述，通过堆叠 SoC 和闪存构成。不仅包含存储器，而且包含处理器，通过微细化实现高功能的半导体产品，由于 More Moore 推动微细化的投资将会非常庞大，因此不需要将其制造成单一芯片，而是将多个芯片组合起来，就像一个乐高积木那样把芯片拼成 3D 立体的，同样可以达到目的。与内存等单功能芯片的堆叠相比，内部布线似乎存在一个棘手的技术问题，但 AMD 和英特尔等该领域的顶级公司正在进行这方面的开发。因此，在控制投资的基础上，由于采用了传统的前工程，初期阶段的成品率也会相对较高。如 2-6 所述，半导体产品需要实现成品率的垂直提升。从 More than Moore 的观点来看，今后的动向值得关注。

最后非常感谢您的阅读。如今半导体产业正面临一个重大的转折点，蕴藏诸多腾飞机遇，如果大家能通过本书有所收获，我将深感荣幸之至。